作 者 简 介

尤尔根·约斯特 (Jürgen Jost), 德国自然科学院院士, 德国马克斯–普朗克应用数学研究所现任所长. 1986 年国际数学家大会 45 分钟报告人. 1993 年获得德国科学基金会 (Deutsche Forschungs Gemeinschoft, DFG) 最高奖 —— 莱布尼茨奖. 1996 年开始至今任德国马克斯–普朗克应用数学研究所所长. 1998 年被聘为莱比锡大学名誉教授. 研究方向涵盖数学的众多方面以及交叉学科, 包括几何分析、变分与偏微分方程、数学物理、复杂动力系统、神经网络、数学生物、数学哲学、经济与社会学等. 发表专著十余本, 论文 200 余篇, 被引 2000 余次, 其中包括 *Acta. Math.*, *Invent. Math.*, *Comm. Pure Anal. Math.*, *J. Algebraic Geom.*, *J. Differential Geom.* 等国际顶尖数学期刊论文若干篇.

译 者 简 介

陈惠勇 (1964—), 江西上饶人, 基础数学博士, 数学教育博士后. 加拿大麦吉尔大学 (McGill University) 访问教授 (2019 年). 2009 年 7 月至今在江西师范大学工作, 从事近现代数学史与数学教育研究. 主持国家自然科学基金项目一项, 江西省教育科学规划课题两项, 江西省高校教改重点课题一项, 江西省教育厅科技项目一项. 被评为全国第七届教育硕士优秀教师, 获 "首届全国教育专业学位教学成果奖" 二等奖. 现任《数学教育学报》编委, 中国数学会数学史分会理事, 全国数学教育研究会常务理事, 江西省高等师范教育数学教学研究会秘书长, 江西省中学数学教学专业委员会副主任委员. 著 (译) 有:《高斯的内蕴微分几何学与非欧几何学思想之比较研究》(高等教育出版社, 2015);《关于曲面的一般研究》(高斯著, 陈惠勇译, 哈尔滨工业大学出版社, 2016);《数学课程标准与教学实践一致性 —— 理论研究与实践探讨》(科学出版社, 2017);《统计与概率教育研究》(科学出版社, 2018);《微分几何学历史概要》(斯特罗伊克著, 陈惠勇译, 哈尔滨工业大学出版社, 2019).

国家自然科学基金项目"黎曼几何学及其相关领域的历史研究"
(项目批准号：11861035) 阶段成果

伯恩哈德·黎曼
论奠定几何学基础的假设

〔德〕尤尔根·约斯特 (Jürgen Jost)　著

陈惠勇　译

科 学 出 版 社

北 京

内 容 简 介

德国数学家尤尔根·约斯特的著作 *Bernhard Riemann Ueber die Hypothesen, welche der Geometrie zu Grunde liegen*,以一个微分几何学家的独特视角,将黎曼几何学思想置于更为宽广的背景——哲学、物理学以及几何学——加以考察,并将黎曼的推理置于他的追随者基于他的开创性思想所获得的更普遍和更系统的视角进行研究. 作者遵循西方数学史家所主张的数学史研究方法论之"接受史"研究范式,考察了从亚里士多德到牛顿的物理学中的空间观念、康德的空间哲学,以及非欧几何学发展的历史,同时还用现代数学的观点对黎曼关于几何学基础的假设文本中所涉及的现代数学概念予以阐释,探究黎曼几何学与现代数学和理论物理的深刻联系.

本书可供数学与应用数学专业本科生、研究生、数学教师和研究人员使用,对于欲了解黎曼几何学思想及其相关领域历史的读者来说也是一部极具价值的文献.

图书在版编目(CIP)数据

伯恩哈德·黎曼论奠定几何学基础的假设/(德)尤尔根·约斯特 (Jürgen Jost)著;陈惠勇译. —北京:科学出版社,2021. 3

书名原文: Bernhard Riemann Ueber die Hypothesen, welche der Geometrie zu Grunde liegen

ISBN 978-7-03-068027-3

I. ①伯… Ⅱ. ①尤… ②陈… Ⅲ. ①黎曼几何 Ⅳ. ①O186.12

中国版本图书馆 CIP 数据核字(2021)第 026410 号

责任编辑:李 欣 李香叶 / 责任校对:彭珍珍
责任印制:吴兆东 / 封面设计:无极书装

斜 学 出 版 社 出版

北京东黄城根北街 16 号
邮政编码:100717
http://www.sciencep.com

北京九州迅驰传媒文化有限公司印刷
科学出版社发行 各地新华书店经销

*

2021 年 3 月第 一 版 开本:720×1000 B5
2025 年 1 月第四次印刷 印张:8
字数:161 000

定价:**68.00** 元

(如有印装质量问题,我社负责调换)

译　者　序

数学史研究历来为数学家所重视, 被誉为 20 世纪最后一位通才的庞加莱 (Henri Poincaré, 1854—1912) 认为, "如果我们希望预知数学的将来, 适当的途径是研究这门科学的历史和现状"[1]. 莱布尼茨 (G. Leibniz, 1646—1716) 曾指出, "知道重大发明特别是那些绝非偶然的、经过深思熟虑而得到的重大发明的真正起源是很有益的. 这不仅在于历史可以给每一个发明者以应有的评价, 从而鼓舞其他人去争取同样的荣誉, 而且还在于通过一些光辉的范例可以促进发现的艺术, 揭示发现的方法"[2]. 著名数学史家, 中国科学院数学与系统科学研究院李文林先生认为 "数学史研究具有三重目的, 一是历史的目的, 即恢复历史的本来面目; 二是数学的目的, 即古为今用, 为现实的数学研究与自主创新提供历史借鉴; 三是教育的目的, 即在数学教学中运用数学史, 这在当前已成为一种国际现象"[3]. 这也就是说, 无论是对历史, 还是对数学研究本身, 甚至是对数学教育、数学史的研究都具有不可或缺的重要意义.

众所周知, 1827 年高斯《关于曲面的一般研究》的发表[4], 标志着内蕴微分几何学的创立. 然而, 比高斯创立内蕴微分几何学这一理论本身更具革命意义的是, 高斯在这篇论文中提出了一个全新的观念, 即一个曲面本身就是一个空间! 并从曲面本身的度量出发, 展开曲面的内蕴几何研究, 得出了决定曲面在空间的形状的一系列的理论与方法. 高斯创立的内蕴微分几何学从本质上已经揭示出空间的非欧本质, 在这一过程中, 高斯的绝妙定理和高斯–博内定理扮演着特殊的角色, 因而也就有着特殊的意义, 它对于整个数学的发展乃至对于人类关于空间观念 (包括空间性质) 的变革和认知都具有重要的意义[5]. 爱因斯坦对高斯的这项工作做出了如下的评价: "高斯对于近代物理理论的发展, 尤其是对于相对论理论的数学基础所作的贡献, 其重要性是超越一切, 无与伦比的……假使他没有创造曲面几何, 那么黎曼的研究就失去了基础, 我实在很难想象其他任何人会发现这一理论"[6].

高斯的曲面几何学思想后经黎曼等的发展, 推广到高维情形 (即一般的 n 维流

---

① 克莱因 M. 古今数学思想. 上海: 上海科学技术出版, 2002.
② 李文林. 数学史概论. 北京: 高等教育出版社, 2013.
③ 李文林. 数学的进化 —— 东西方数学史比较研究. 北京: 科学出版社, 2005.
④ 中译本见: 高斯. 关于曲面的一般研究. 陈惠勇译. 哈尔滨: 哈尔滨工业大学出版社, 2016.
⑤ 陈惠勇. 高斯的内蕴微分几何学与非欧几何学思想之比较研究. 北京: 高等教育出版社, 2015.
⑥ Tord Hall. *Carl Friedrich Gauss: A Biography* (高斯 —— 伟大数学家的一生). 田光复, 等译. 台湾凡异出版社, 1986.

形), 这就是今天的黎曼几何学. 其标志性的事件, 就是 1854 年黎曼在哥廷根大学的就职演讲《论奠定几何学基础的假设》, 黎曼在这篇论文中提出了黎曼几何学的基本构想. 黎曼的思想后经 Christoffel, Killing, Schur, Ricci, Levi-Civita, Bianchi, Beltrami 等的发展, 特别是 Ricci 和 Levi-Civita 发展的绝对微分学, 使得黎曼几何学成为爱因斯坦广义相对论最合适的数学工具. 20 世纪以来, 黎曼几何学的思想与方法已经发展成为现代数学的主流.

1854 年 7 月 10 日, 德国数学家黎曼 (Bernhard Riemann, 1826—1866) 在哥廷根大学哲学系发表了著名的就职演讲《论奠定几何学基础的假设》. 在这篇论文中, 黎曼在几何学历史上第一次明确指出: "(以往) 几何学把空间的概念以及在空间中作图的基本规则这二者都预设为某种给定了的东西. 给出它们的定义只是名义上的, 而其实质的规定则是以公理的形式出现的. 从而这些预设的关系仍然处于黑暗之中." 黎曼将要解决的根本问题就是要厘清这种 "处于黑暗之中" 的预设关系, 黎曼将 "空间的概念" 从一般的量的概念出发构造了 "多重延伸量" 的概念, 即 "流形", 并由此得出 "多重延伸量" 可以有不同的度量关系, 从而得出了不同的 "在空间中作图的基本规则". 黎曼引进了所谓的黎曼度量, 从而将高斯关于曲面理论的工作推广到高维情形, 并奠定了黎曼几何学的基本思想.

数学史表明, 黎曼可以说是最先理解非欧几何全部意义的数学家. 他创立的黎曼几何学不仅是对已经出现的非欧几何 (罗巴切夫斯基几何) 的承认, 而且显示出了创造其他非欧几何的可能性. 黎曼认识到度量是加到流形上去的一种结构, 因此, 同一个流形可以有众多的黎曼度量. 黎曼以前的几何学家只知道曲面的外围空间的度量赋予曲面的诱导度量: $dr^2 = ds^2 = Edu^2 + 2Fdudv + Gdv^2$(即第一基本形式), 并未认识到曲面还可以独立于外围空间而定义, 可以独立地赋予度量结构, 黎曼认识到这件事有着非常重要的意义. 他把诱导度量与独立的黎曼度量两者区分开来, 从而创造了以二次微分形式 (即黎曼度量):

$$ds^2 = \sum_{i,j=1}^{n} g_{ij} dx^i dx^j$$

为出发点的黎曼几何, 这种几何以各种非欧几何作为其特例.

我们认为, 黎曼的上述构想必定是与高斯的深刻影响分不开的. 首先, 我们知道, 高斯是黎曼的老师, 高斯对黎曼的这种师生之间的深刻影响是很自然的. 在高斯的指导下, 黎曼于 1851 年完成他的博士学位论文《单复变函数一般理论基础》, 其中给出了单值解析函数的严格定义, 同时引进了一个非常重要的概念 —— "黎曼曲面". 黎曼曲面本身就是一个流形, 对黎曼曲面的研究已经构成现代数学的一个重要分支, 它涉及分析、几何和拓扑等现代数学的广大领域.

其次, 当我们深入地分析与研究黎曼的《论奠定几何学基础的假设》的内容及其蕴含的深刻思想, 就可以发现高斯的思想对黎曼的影响是非同一般的. 我们知道, 黎曼在这篇著名的演讲中所要解决的两个核心问题是: 一是建立 n 维广义流形的概念, 二是建立 n 维流形上可容许的度量关系. 黎曼在他的演讲中三次提到高斯的工作. 第一次是在演讲的第一部分: "n 维广义流形的概念", 黎曼说道: "因为解决这个问题的困难主要是概念上而非构造上的, 而我对这个困难的哲学方面思考得很少; 况且除了枢密顾问高斯发表在他的关于二次剩余的第二篇论文及在他写的纪念小册子之中的非常简短的提示和赫尔巴特的一些哲学研究外, 我不能利用任何以前的研究." 从这里我们可以看出, 黎曼提到的高斯 "非常简短的提示" 说明高斯已经有了至少是模糊的或初步的流形的观念, 并且这种观念对黎曼是有所启发的.

第二次是在演讲的第二部分: "n 维流形上可容许的度量关系", 黎曼说道: "关于这个问题的两个方面 (指一个流形能容许的度量关系和确定度量关系的充分条件) 的基础包含在枢密顾问高斯关于曲面的著名论文中." 显然, 这里所说的著名论文就是指高斯的《关于曲面的一般研究》.

第三次是在演讲的第二部分的第二小节中, 黎曼说到在一般流形上用作衡量曲面片在一点偏离平坦的程度的数值时, 再一次提到高斯的工作 "当这个数值乘以 $-\frac{3}{4}$ 时得到的值就是枢密顾问高斯所谓的曲面的曲率", 这里的数值就是现在所称的 "高斯曲率". 从以上分析足以证明高斯的工作对黎曼的深刻影响.

从黎曼的几何学构想上更能看出黎曼几何思想与高斯内蕴微分几何学思想的一脉相承性. 首先, 黎曼几何学的出发点是所谓的黎曼度量 $ds^2 = \sum_{i,j=1}^{n} g_{ij} dx^i dx^j$, 它与高斯的出发点第一基本形式 $dr^2 = ds^2 = E du^2 + 2F du dv + G dv^2$ 相比较, 我们明显地看出黎曼度量是高斯的第一基本形式 (相当于 $n = 2$ 的情形) 的高维推广, 当然黎曼用的是张量的记号.

事实上, 用现代微分几何学的观点来看我们知道, 二维情形的黎曼几何学就是高斯的内蕴微分几何学. 因此, 黎曼的几何学思想不仅对高斯内蕴几何学思想有继承更有发展, 而这种思想的一脉相承性为本质的体现, 则是黎曼对于 n 维流形在一点的一个曲面方向的曲率的形象解释, 他完全遵循着高斯的思路, 黎曼指出: "前一种解释蕴含着曲面的两个主曲率半径的乘积在曲面不伸缩的形变时是不改变的这个定理, 后一种解释蕴含着在每一点的无穷小三角形的内角和超过两个直角的部分和它的面积成比例. 为了给出 n 维流形在一点的一个曲面方向曲率的形象解释, 我们必须从这样一个原则出发, 即从一点发出的最短路线被初始方向完全确定." 这正是高斯曲面论的两个核心定理, 即高斯的绝妙定理和高斯–博内定理! 而且黎曼所遵循的原则也正是高斯研究的出发点. 可见, 黎曼的几何学构想与高斯的内蕴微分几何学思想在本质上是一致的.

　　黎曼几何学思想不仅是对高斯内蕴微分几何学思想的继承, 更重要的是对高斯思想的发展. 由于黎曼认识到度量是加到流形上去的一种结构, 因此, 同一个流形可以有众多的黎曼度量. 黎曼在他的就职演讲《论奠定几何学基础的假设》中, 特别地考虑了所谓的常曲率流形, 这种流形的度量关系仅与曲率的值有关, 如果设曲率为 α, 那么度量 ds 可取下面的形式:

$$ds = \frac{1}{1 + \dfrac{\alpha}{4} \sum x_i^2} \cdot \sqrt{\sum (dx_i)^2}$$

这是黎曼的演讲中出现的唯一的一个数学公式. 我们知道, 这里的常数 α 就是高斯曲率在高维情形的推广 —— 黎曼曲率张量. 因而, 具有上述度量的流形就是常曲率流形 (在 $n = 2$ 的情形, 就是常数高斯曲率曲面). 我们可以证明: 当黎曼曲率张量 $\alpha > 0$ 时, 就是球面几何 (又称为正常曲率空间的几何); 当黎曼曲率张量 $\alpha = 0$ 时, 就是欧氏几何; 当黎曼曲率张量 $\alpha < 0$ 时, 就是罗巴切夫斯基几何 (称负常曲率空间的几何或双曲几何). 事实上, 为了更好地理解上述思想, 黎曼在演讲的第二部分之第 5 小节中, 在二维常曲率曲面上实现了他的几何学 (黎曼几何的可视化).

　　几何学的历史就是一部人类对于空间观念的认知与变革的历史. 微分几何学历史的研究历来是数学史研究的一个难点, 而黎曼几何学及其相关领域的历史研究更是几何学历史研究中的难点, 也是 19—20 世纪数学史研究的重点课题之一. 德国数学家尤尔根·约斯特 (Jürgen Jost) 的著作 *Bernhard Riemann Ueber die Hypothesen, welche der Geometrie zu Grunde liegen*, 以一个微分几何学家的独特视角, 将黎曼的思想置于更为宽广的背景 —— 哲学、物理学以及几何学加以考察, 并将黎曼的推理置于他的追随者基于他的开创性思想所获得的更普遍和更系统的视角进行研究. 同时, 作者遵循西方数学史家所主张的数学史研究方法论之 "接受史" 研究范式, 作者指出, 通常情况下, 科学家从当前科学状况的角度阅读科学文本, 根据随后的发展对其进行解释, 并为当前的科学问题寻找最好的尚未开发的潜力. 然而, 历史学家想要确定文本在当时论述中的地位, 重建文本的起源, 分析文本接受的历史. 虽然在当前关于人文学科作用的辩论中, 强调了历史科学对于理解当代的重要性, 但数学家感兴趣的是永恒的内容, 而不是科学文本的历史偶然性. 那些被证明是徒劳的科学项目, 要么对科学家毫无兴趣, 要么在原本可以更直的道路上构成恼人的障碍. 相反, 对于历史学家来说, 他们可以提供对思想史和话语动态的重要洞见. 对于科学家来说, 那些已经失去作用的文本是没有意义的. 而对于历史学家来说, 这种兴趣的丧失是接受史的一部分.

　　这种既考察历史文本的接受史, 又从现代数学的观点对历史上重要的思想予以阐释, 不仅连接了历史, 而且让我们更清楚地认识了历史. 这一研究范式与当代中国数学史家倡导的 "为什么数学" 研究范式本质上应该是一致的. 作者基于这样一种研究范式, 不仅考察了从亚里士多德到牛顿的物理学中的空间观念、康德的空间哲学及非欧几何学发展的历史, 而且还用现代数学的观点对黎曼关于几何学基础的假设书中所涉及的现代数学概念予以阐释, 同时探究黎曼几何学与现代数学和理论物理的深刻联系, 使得本书具有更加宏大的视野而更具可读性和学术价值.

本书译者受加拿大麦吉尔大学 (McGill University) Ming Mei 教授的邀请, 于 2019 年 1 月至 8 月访问麦吉尔大学. 正是在访学期间, 译者读到了 Jürgen Jost 的著作 *Bernhard Riemann Ueber die Hypothesen, welche der Geometrie zu Grunde liegen.* 该书是黎曼几何学历史研究的一本难得的非常有价值的专著, 作者又是微分几何学领域的专家, 该书对于欲了解黎曼几何学思想及其相关领域历史的国内读者来说是一本极具价值的文献. 因此, 译者利用在加拿大访学的机会将全书译出, 以飨读者.

本书的翻译和出版得到国家自然科学基金项目 "黎曼几何学及其相关领域的历史研究" (NSFC 批准号: 11861035) 的资助, 同时还得到江西师范大学学科建设经费的出版资助, 译者在此一并表示衷心的感谢!

陈惠勇

2019 年 12 月

前　　言

　　这可能是小说的情节：主人公是一位腼腆、体弱多病的年轻数学家，生活在 19 世纪中叶一所德国大学的恶劣环境中. 他没有成功地与他那个时代最伟大的数学大师建立更密切的联系. 他正在努力准备教授就职论文 (是成为德国一所大学教授候选人的先决条件). 这个过程的一部分是学术报告会. 对于这样的就职资格学术报告会，候选人必须提出三个供教师选择的论题. 前两个论题来自他已经作出的重大技术贡献. 他发现很难决定自己应该为第三个论题选择什么样的主题，部分原因是他认为，教师们会和往常一样选择名单上的第一个论题. 他提出了一个相当模糊的自然哲学主题作为第三个主题. 令他惊讶的是，教师们选择了这个主题. 现在，他并没有让自己熟悉这门学科的发展现状，尤其是之前震撼整个领域的重大发现，而是全身心地投入到一位相当晦涩的哲学家的工作中. 但他的演讲以前所未有的深度，深入一个自古典时代以来一直占据并挑战着人类最伟大思想家的领域，甚至暗示了 20 世纪物理学最伟大的发现. 即使是这位德国科学界的超级巨星 (他从一个不同的角度独立地研究同一课题) 的贡献，与我们年轻的数学家的深刻洞察力相比，也变得无足轻重了. 其他著名的科学家进入这个阶段时，对这个问题的判断出现了稀奇古怪的错误，在我们的英雄英年早逝后，他的一位朋友发表了这篇就职演讲的全文. 随后的几代数学家在这篇简短的演讲中总结了这些想法的轮廓，并证实了它们的充分有效性和可靠性，以及非凡的范围和潜力.

　　然而，这不是一部小说，因为类似的事情确实发生了. 我们希望并相信读者会原谅作者的某些夸张之处，当然，在下面的几页中，一切都会被正确地表达出来. 这位年轻的数学家是伯恩哈德·黎曼，演讲的题目是 *Ueber die Hypothesen, welche der Geometrie zu Grunde liegen*(《论奠定几何学基础的假设》). 数学天才是卡尔·弗里德里希·高斯 (Carl Friedrich Gauss)，科学巨星是非欧几何基本先验数学的发现的赫尔曼·冯·亥姆霍兹 (Hermann von Helmholtz)，现在被人们遗忘的哲学家约翰·弗里德里希·赫尔巴特 (Johann Friedrich Herbart)，物理学中发现广义相对论的阿尔伯特·爱因斯坦 (Albert Einstein). 提出完全错误判断的人包括心理学家威廉·冯特 (Wilhelm Wundt) 和哲学家伯特兰·罗素 (Bertrand Russell). 负责出版这本书的是数学家理查德·戴德金 (Richard Dedekind). 后来研究黎曼思想的几代数学家的主要灵感来源就包括在作者的字里行间.

　　通常情况下，科学家从当前科学状况的角度阅读一篇科学文本，根据随后的发展对其进行解释，并尽可能为当前的科学问题寻找最好的尚未开发的潜力. 然而，历史学家想要确定文本在当时论述中的地位, 重建文本的起源, 分析文本接受的历史. 虽然在当前关于人文学科作用的辩论中, 强调了历史科学对于理解当代的重要性, 但数学家感兴趣的是永恒的内容, 而不是科学文本的历史偶然性. 那些被证明是徒劳的科学项目, 要么对科学家毫无兴趣, 要么在原本可以更直的道路上构成恼人的障碍. 相反, 对于历史学家来说, 它们可以提供对思想史和话语动态的重要洞见. 对于科学家来说, 那些已经失去作用的文本是没有意义的. 而对于历史学家来说, 这种兴趣的丧失是接受史的一部分.

这个版本的黎曼的 *Ueber die Hypothesen, welche der Geometrie zu Grunde liegen* 试图接受这些挑战. 出版者是一位专业科学家, 而不是科学史家. 因此, 历史有时也会倒过来看. 特别是, 对于这一版, 没有进行详尽的文献学研究.

如前所述, 我不是一个数学史家. 因此, 我非常感谢一些数学史家, 如 Erhard Scholz, Rüdiger Thiele 和 Klaus Volkert, 他们提供了非常有用的评论、更正、建议和参考. 当然, 任何缺点的责任都在于我自己. 我还要感谢亥姆霍兹问题专家 Jochen Brüning 的深刻见解.

我感谢马克斯·普朗克应用数学研究所的图书管理员 Ingo Brüggemann 和他的工作人员在获取文献方面提供了宝贵和有效的帮助.

我最要感谢的是我的朋友, 已故的 Olaf Breidbach, 感谢他在建立科学经典著作系列 (*Classic Texts in the Sciences*) 的过程中所发挥的积极作用, 从而使得本书现在能出现在这个系列丛书之中, 感谢他在过去几十年里就广泛的科学主题进行了许多的讨论. 在他英年早逝后, 我现在独自负责这一科学经典著作系列和德语著作的出版工作, 这是我们怀着极大的热情共同创立的. 我希望我能够保持他作为我们这个时代伟大的科学史学家之一的精神.

尤尔根·约斯特

2012 年 8 月于德国莱比锡

目　　录

第 1 章 导　　言

一篇没有公式的数学讲座, 一篇没有图片或插图的几何论文, 一份只有 16 页而且偶然产生的数学手稿, 但是, 它像少数那些长得多、详细得多、计算也仔细得多的重要著作一样, 改变了数学. 这方面, 我们可以提到 Leonhard Euler 所著的《寻求具有某种极大或极小性质的曲线的方法》(*Methodus inveniendi lineas curvas maximi minimive proprictate gaudentes*)①创立了变分法; Carl Friedrich Gauss 的《算术研究》(*Disquisitiones arithmeticae*) 将数论确立为一门独立的学科②; Georg Cantor 的集合论, 它在数学中引入了现代的无限概念; Sophus Lie 的变换群理论, 它关于对称问题的系统研究构成了量子力学的数学基础; David Hilbert 关于各种数学学科公理基础的纲领性著作; 最近, Alexander Grothendieck 关于代数几何和算术的系统统一上所做的工作. 我们在这里讨论的是伯恩哈德·黎曼的 *Ueber die Hypothesen, welche der Geometrie zu Grunde liegen*(《论奠定几何学基础的假设》), 这篇简短的论文写于 1854 年, 但直到 1868 年黎曼去世后才出版, 其广泛的影响甚至超越了上述那些著作. 这是因为它的地位处于数学、物理和哲学的交汇处, 它不仅建立并确立了一门核心的数学学科, 而且为 20 世纪的物理学铺平了道路, 同时也代表了对某些空间哲学概念永恒的驳斥. 本书将对数学领域这一重要文献进行编辑, 对其所处时代的争议进行定位, 并将其对数学发展的影响进行分析和比较. 黎曼的论文 "*Ueber die Hypothesen, welche der Geometrie zu Grunde liegen*" 以一种与欧几里得的《原本》、莱布尼茨和牛顿关于无穷微积分的著作或上面提到的所有著作截然不同的方式塑造和改造了数学. 它在某种程度上影响了数学作为一门科学的发展. 此外, 本文对爱因斯坦的广义相对论影响也是必不可少的. 最近, 它还提供了量子场论及其在理论基础粒子物理学 (超弦理论、量子引力等) 中的发展等理论的数学结构.

然而, 其影响的历史并不是线性的. 黎曼的例行学术报告 *Ueber die Hypothesen, welche der Geometrie zu Grunde liegen* 被召集到现场的是当时领头的德国物理学家赫尔曼·亥姆霍兹 (后来被封为爵士, 因此被封为冯·亥姆霍兹 (von Helmholtz)), 他的反驳论文 *Über die Thatsachen, die der Geometrie zu Grunde liegen*(论几何学基础的事实) 的标题已经指出了一个相互矛盾的立场和方法. (不过, 在这篇文章

---

① 我 (指本书作者) 也正在为科学经典著作丛书 (*Classic Texts in the Sciences*) 准备这一文本的一个版本.

② 从这个意义上来说, 它是自主地、内在地发展问题, 而不是从物理或其他科学中获得问题.

中, 与黎曼的相似之处占主导地位,[①] 其主旨不是反对黎曼, 而是反对康德的空间概念.)[②] 然而, 如果把亥姆霍兹在几何学基础上所作的工作简单地看作是已建立的权威对年轻天才的反对, 是保守的科学态度对代表新科学方向的主角的反对 (这种反对现在已经过时和被遗忘了), 这是不正确的, 也是误导人的. 黎曼的工作部分是由一些模糊的自然哲学思辨所推动的, 反过来, 他的文章对自然哲学也有重要的影响, 而亥姆霍兹的思考的起源是建立在感觉生理学上的, 在这里他的思想仍然高度相关. 此外, 亥姆霍兹还影响了另一个基本的数学理论, 即李氏对称群理论. 尽管 Lie 对亥姆霍兹著作的数学方面提出了尖锐的批评, 但他还是采用了后者的概念方法. 李氏对称群理论已成为量子力学的基石之一. 对称性和不变性的概念将现代物理学的直觉与黎曼和爱因斯坦意义上的几何数学框架联系起来. 从这个意义上说, 亥姆霍兹的论文包含了一个对现代物理学有远见卓识的方面, 尽管这一点只有在 Lie 的工作中才变得清楚, 而且很可能与亥姆霍兹的想法大相径庭.

黎曼的动机可能是一些模糊的自然哲学的思考, 他的工作反过来对自然哲学有重要的影响. 与此相反, 亥姆霍兹的思考首先是从感觉生理学开始的, 他的思想至今仍与此相关; 其次, 他的思考还影响了一个非常重要的数学方向, 那就是李氏对称群理论. 尽管 Lie 对亥姆霍兹论文的数学细节提出了尖锐的批评, 但他还是继承了后者的概念方法. 李氏对称群理论成为量子力学的重要基础之一, 对称性和不变性的概念将现代物理学的物理直觉与黎曼和爱因斯坦意义上的几何数学框架联系起来. 在这个意义上, 亥姆霍兹的文章也为现代物理学发挥了先锋作用. 这种影响很可能与亥姆霍兹自己的想象大相径庭. 这与黎曼的文章形成鲜明的对比, 黎曼文章的影响不是直接的, 而是通过 Lie 的工作产生的.

值得注意的是, 黎曼的 "假设" 作为数学中的关键文献之一, 在没有数学公式的情况下进行 (在整个文本中, 只有一个公式, 它的重要性微乎其微). 这使得黎曼的文本有别于其他基础数学著作, 如莱布尼茨的复杂和深思熟虑的象征主义或康托尔的无限的形式化. 甚至是他最重要的先驱, 高斯的著作 *Disquisitiones generales circa superficies curvas*(《关于曲面的一般研究》) 作为黎曼几何的起点的现代微分几何的创立, 在这方面却有很大的不同. 至少在这种情况下, 数学的历史不

① 亥姆霍兹说, 他在学习黎曼的著作 (该著作在 4 年之后才出版) 之前就已经发展出了他所思考问题的基本框架, 但肯定比黎曼晚, 黎曼于 1854 年发表了演讲并写好了手稿.

② 把这部作品与黎曼的文本进行对比, 似乎很自然. 然而, 在认真考虑了这个选择之后, 我最终还是放弃了, 因为亥姆霍兹的这部作品并没有达到黎曼作品的深度和优雅. 此外, 在亥姆霍兹关于认识论问题的各种著作中, 这一特定的文本并不是最好的, 也不是最清楚的, 因此, 如果选择这一特定的作品, 重要的生理学家和物理学家亥姆霍兹就会出现在错误的视野中. 如果我们想用他的一篇作品来代表亥姆霍兹理论, 那么我们应该选择他的另一篇作品, 也就是 *Über den Ursprung und die Bedeutung der geometrischen Axiome* (《论几何公理的起源与重要性》) 或者他作为波恩大学校长的就职演讲 *Die Tatsachen in der Wahrnehmung* (《感知中的事实》), 但是, 这样一来, 我们就会失去与黎曼就职演讲这一主题的密切联系了.

仅仅是一个渐进的形式化过程, 而且事实证明, 数学抽象在原则上可以远远超越公式①.

　　黎曼对现代数学的决定性塑造, 达到了只有高斯 (Carl Friedrich Gauss) 的影响可以与之媲美的程度. 他不仅以在这里发表的他的就职演讲而创立了现代几何 (现代几何学最重要的部分因此被称为黎曼几何), 而且他还创造了许多基本理论, 介绍了许多基本概念, 这些概念指导和影响了许多其他数学领域. 他的黎曼曲面概念巧妙地结合了复分析和椭圆积分理论. 这项工作同时也是拓扑学发展的起点. 相对于黎曼几何, 拓扑学研究与度量属性无关的形式和形状. 它也对现代代数几何产生了决定性的影响. 在此基础上, 在复变函数理论中引入了全新的分析工具. 后者, 即使一开始, 魏尔斯特拉斯就发现并指出了分析上的重要漏洞 (这些漏洞后来才被希尔伯特所弥补), 为现代变分学和偏微分方程解的存在性理论奠定了基础. 反过来, 通过数值分析的方法来实现和控制它们, 这些构成了现代工程的基本工具. 一个新颖而开创性的想法是, 黎曼不再试图通过解析表达式来逼近复平面上的解析函数, 而是把它们看作是由它们的奇异点决定的 (极点, 即它们变成无穷大的点, 或者分支点). 这样他就可以给这样一个函数指定一个黎曼曲面, 然后根据黎曼曲面的拓扑来确定函数的定性性质. 它几乎辐射到现代数学的所有领域, 甚至革新了数论, 数论的解析表达式也可以用几何方法来解释和处理. 同样, 黎曼曲面理论的一个开创性的方面是, 黎曼不仅研究单个数学对象, 而且通过参数的可变性来概念化一类对象. 这就引出了模空间理论, 它是代数几何的基础. 因此, 黎曼曲面也构成了目前最有希望的统一已知物理力的弦理论的基本对象, 该理论用于统一已知的物理力. 所谓黎曼–罗赫定理 (古斯塔夫·罗赫 (Gustav Roch, 1839—1866) 是黎曼早期已故的学生, 他完成了黎曼在这些问题上的工作) 是 20 世纪下半叶数学的指导原则之一, 并在 Hirzebruch, Atiyah-Singer 和 Grothendieck 的著作中产生了现代数学的重要成果. 黎曼假设, 在其提出 150 多年后, 仍然被认为是所有数学中最难和最深奥的未解决问题.

　　黎曼传记　伯恩哈德·黎曼 (Bernhard Riemann) 是下撒克逊新教牧师的儿子, 生于 1826 年, 死于 1866 年. 他一直非常依赖于他的家庭, 由于家中的多名孩子早亡而导致家庭财务状况无保障, 这使得黎曼处于非常困难的境地. 和数学史上大多数伟人一样, 他在上学时就显示出非凡的数学天赋. 犹豫了一阵之后, 他追随自己的天赋, 在哥廷根和柏林的科学中心学习数学而不是他父亲所希望的神学. 他的主要

---

　　① 当然, 黎曼论文的使用场合也应加以考虑. 这是艺术学院之前的一个讨论会, 所以黎曼当然想要表达对大多数听众缺乏数学知识的尊重. 他们当中, 除了高斯 (高斯不是数学教授, 而是天文学教授和天文台台长), 数学教授只有乌尔里希 (Ulrich, 1798—1879) 和斯特恩 (Stern, 1807—1894) 两位. 然而, 其他类似的讲座或著作, 如克莱因的埃朗根计划, 那是他向埃朗根的教师们自我介绍, 当然可以更正式. 如果教师们选择了黎曼建议的其他主题之一, 那么演讲文稿可能就会用数学公式表达出来了.

学术导师和榜样是卡尔·弗里德里希·高斯①和彼得·古斯塔夫·勒琼·狄利克雷 (Peter Gustav Lejeune Dirichlet, 1805—1859)②, 在高斯的指导下于 1851 年获得博士学位, 并参加了狄利克雷在柏林的许多讲座. 狄利克雷于 1855 年成为高斯在哥廷根的继任者, 黎曼在 1857 年被任命为副教授, 随后又于 1859 年作为哥廷根大学的一名全职教授而成为狄利克雷的继任者. 他腼腆多病, 但他丰富的数学洞察力、他的数学理论的大胆和独创性给科学界留下了深刻的印象. 他在家庭之外只与年轻的数学家理查德·戴德金 (Richard Dedekind, 1831—1916)③建立了更密切的个人联系. 经历了一个标准的学术生涯的步骤, 从讲师到哥廷根教授. 教授的薪水大大

① 高斯出生于不伦瑞克, 家境贫寒. 由于他杰出的数学天赋在早期就得到了承认, 因而, 得到了布伦斯威克公爵的慷慨资助. 他在很小的时候就有了重大的数学发现, 比如关于正多边形的可构造性问题. 他于 1801 年出版的《算术研究》(*Disquisitiones Arithmeticae*), 早在几年前就写好了, 是把现代数学作为一门独立科学建立起来的著作. 他计算误差的数学方法的一个惊人的成功是在同年重新发现了小行星谷神星. 这个小行星曾被天文学家发现, 但又消失了, 直到高斯路径计算方法允许以足够高的精度预测它的位置, 以便天文学家知道他们必须把望远镜转到天空的哪个位置才能找到它, 他们才再次看到它. 自 1807 年以来, 高斯一直是哥廷根的教授和天文台的台长. 高斯被认为是有史以来最伟大的数学家, 他影响了现代数学的几乎所有领域, 甚至创造了其中的许多领域. 他和物理学家威廉·韦伯 (Wilhelm Weber, 1804—1891) 一起建造了第一部电报. 他发展的数学方法是天文学和大地测量学的基础. 特别是在晚年, 高斯很难接近, 毫无疑问他也是由于家庭生活不太幸福, 害羞的黎曼无法与他建立直接的个人联系. 因此黎曼通过自学获得了高斯的数学理论和发现. 一本新近的高斯传记研究是 Walter Kaufmann Büler, Gauss. *A Biographical Study,* Berlin etc., Springer, 1981.

② 狄利克雷出生在莱茵兰的杜伦, 父亲是当地邮政局长, 父亲移民自现在比利时的瓦隆地区. 然而, 在 1822—1827 年, 作为一名外国人, 他不被允许在巴黎理工学院 (Ecole Polytechnique) 学习当时法国著名数学家 Augustin Louis Cauchy(1789—1857) 的课程. 幸运的是, 他成功地进入了 Jean Baptiste Louis Fourier(1768—1830) 的圈子, Fourier 从热力学的物理问题开始, 介绍了周期函数的著名级数表示. 狄利克雷证明了关于这些级数展开的一个基本结果. Alexander von Humboldt(1769—1859)(在他著名的探险之后, 最初留在巴黎, 然后在柏林担任有影响力的职位) 对他印象深刻, 支持和鼓励他, 并把他作为教授带到普鲁士, 先是到布雷斯劳, 然后在 1829 年到柏林. 狄利克雷和他的朋友兼同事 Carl Gustav Jacob Jacobi(1804—1851) 把柏林大学 (1810 年由 Wilhelm von Humboldt (1767—1835) 在拿破仑对普鲁士的侵略所推动和必要的改革过程中建立) 变成了一个数学研究中心. 狄利克雷的妻子 Rebecca 是一个哲学家 Moses Mendelssohn(1729—1786) 的孙女, 作家 Dorothea (von) Schlegel(1764—1839) 的侄女, 而 Dorothea 是浪漫主义作家和理论家 Friedrich (von) Schlegel(1772—1829) 的妻子, 以及作曲家 Felix Mendelssohn Bartholdy(1809—1847) 的妹妹, Mendelssohn 作为莱比锡 Gewandhaus 管弦乐队的指挥, 发起了巴赫和亨德尔巴洛克音乐的重新发现和复兴. 就这样, 狄利克雷的生活与许多其他杰出人物的生活交织在一起. 狄利克雷对黎曼很友好, 也很开放, 黎曼可以从他身上学到很多. 狄利克雷在数论方面作出了特别重要的贡献, 他创立了数论的分析方向. 有一段以历史为导向的介绍可以在 W. Scharlau, H. Opolka 的 *From Fermat to Minkowski.* Lectures on the Theory of Numbers and Its Historical Development, New York, Springer, (2) 2010" (译自德文) 中找到. 狄利克雷在后来的黎曼函数理论和黎曼曲面研究中应用的变分计算原理发挥了核心作用.

③ 参见 Winfried Scharlau (ed.), Richard Dedekind. 1831—1916, Braunschweig/Wiesbaden, Vieweg, 1981. 其中的书信也有关于黎曼的传记材料, 戴德金传中的这些材料与后来出版的《黎曼全集》形成互补.

缓解了他的经济状况, 尤其是在他父母和弟弟去世后, 他还承担了负责三个未婚姐妹的责任. 由于健康问题, 他不得不延长在意大利的逗留时间 (意大利的气候更适合他), 从而中断这一职位, 但在那里, 他于 40 岁之前死于肺病, 留下了妻子和一个年幼的女儿.

黎曼既没有像阿贝尔(Niels Hendrik Abel, 1802—1829) 和伽罗瓦 (Evariste Galois, 1811—1832) 那样年轻时就去世了, 他们在短暂的一生中只创造了一个重要的数学理论 (阿贝尔积分和群理论), 他也没有活到像经常脾气暴躁、性格孤僻的高斯那样的老年. 他既没有欧拉 (Leonhard Euler, 1707—1783) 那种几乎无穷无尽的活力, 也没有雅可比 (Carl Gustav Jacob Jacobi, 1804—1851) 和菲利克斯·克莱因 (Felix Klein, 1849—1925) 那样的精力充沛. 他不能像大卫·希尔伯特 (David Hilbert, 1862—1943) 那样依赖一群才华横溢的年轻学生和合作者, 因为必要的制度等条件是后来由菲利克斯·克莱因等人在德国建立的 (后来又被纳粹再次摧毁, 他们驱逐、谋杀犹太数学家, 并流放那些不是犹太人但持不同意见的人). 但是高斯和黎曼造就了数学在德国尤其是在哥廷根的兴起, 而哥廷根首先使这种制度化成为可能.

据作者所知, 目前还没有针对普通读者的详细的黎曼传记①. 此外, 杰出数学家的传记并不罕见, 在一些国家甚至构成了民族自豪感的一种表达, 比如挪威数学家阿贝尔和李 (Sophus Lie, 1842—1899) 的传记, 作者是阿里尔德·斯塔豪格 (Arild Stubhaug). 在其他情况下, 例如由 Constance Reid 写的 David Hilbert 和 Richard Courant(1888—1972) 的传记在数学家中很受欢迎, 他们在当时艰难困苦的环境下的生活以及影响他们的历史事件也引起了人们的兴趣. 由于黎曼的一生是在一段平静的时间里度过的, 这段时间既没有戏剧性的个人故事也没有戏剧性的历史事件, 因此也就没有材料来讲述一个引人入胜的传奇故事. 同样, 人们对天才的崇拜(实际上黎曼就是一个很好的例子) 也没有像对待年轻的数学家阿贝尔和伽罗瓦或艺术家拉斐尔、莫扎特和席勒那样对他们产生崇拜, 他们的寿命和黎曼相仿.

如果我们把当时所谓的 "私人讲师"(privatdozenten, 即 private lecturers 私人

---

① 在韦伯和戴德金编辑的《黎曼作品集》中, 有一本 20 页的黎曼传记, 作者是黎曼的朋友兼同事戴德金. 汉斯·弗赖登塔尔为《科学传记词典》写了一本短篇传记. 除了其他短篇传记外, 还有 Michael Monastyrsky 和 Detlef Laugwitz 的科学传记, 在这些传记中, 黎曼的科学工作的发展和影响被置于他生活环境的背景中. Laugwitz 的科学传记在很多地方对我都有很大的帮助, 它还包含了对黎曼生活的详细描述, 一般读者都能读到. 在 Raghavan Narasimhan 编辑的《黎曼作品集》再版中, 还可以找到其他各种各样的分析. Erwin Neuenschwander 对黎曼未发表的科学笔记、手稿和现有的传记资料进行了系统的研究. 有关某些结果, 请参见 Erwin Neuenschwander, *Riemanns Einführung in die Funktionentheorie. Eine quellenkritische Edition seiner Vorlesungen und einer Bibliographie zur Wirkungsgeschichte der Riemannschen Funktionentheorie.* Abhandlungen der Akademie der Wissenschaften zu Göttingen, Math. & Phys. Klasse, Bd. 44, 1996. 各种数学历史研究讨论了黎曼之前、黎曼时期以及黎曼之后的几何学发展, 但通常不是从传记的角度. 资料可以在本书第 7 章中找到.

讲师) 所处的不稳定的财务状况放在一边, 则从今天的角度来看, 黎曼的学术生活似乎没有问题. 这些私人讲师都是博士或博士后级别却没有固定的教授职位的科学家. 在他那个时代, 从讲师升到教授可能已经被认为是一种正常的学术生涯了. 然而, 应该指出的是, 在许多情况下, 在积极和消极意义上都偏离了这条道路. 无论如何, 现代大学体系是由威廉·冯·洪堡 (Wilhelm von Humboldt) 在黎曼之前半个世纪建立的, 把科学研究从 18 世纪的科学院和学术团体转移到 19 世纪的大学, 以及建立适当的学术生涯结构, 都需要一些时间. 特别是在最初阶段, 大学系统通常不能通过大学内部的职业道路形成其下一代, 而是必须经常从外部招聘大学教师, 从高级中学教授或科学从业者的团体中招聘, 这些科学家曾在天文台、植物园、药房或其他机构工作. 相反, 有抱负的科学家不一定能走完一个纯粹的学术生涯, 但往往不得不采取漫长的传记式的弯路. 因此, 一方面, 就有一些有才华的科学家从来没有得到过大学的职位. 另一方面, 有些人成功地以局外人的身份进入学术生涯, 或者相反, 有些人从小就得到了贵族赞助者或政府的慷慨支持. 后者就包括高斯, 他的统治者布伦瑞克公爵支持他, 或者狄利克雷, 他在亚历山大·冯·洪堡 (Alexander von Humboldt) 的倡议下首先在巴黎的研究中获得资助然后在柏林获得教授职位. 数学之外一个著名的例子是化学家贾斯特斯 (冯) 利比希 (Justus (von) Liebig, 1803—1873), 黑塞大公 (Grand Duke of Hesse) 使他能够在巴黎进行研究, 此外, 早在 1824 年, 利比希就在吉森大学当了教授, 并在那里建立了教学和研究的化学实验室. 其中著名的例子是数学家卡尔·魏尔斯特拉斯 (Karl Weierstrass, 1815—1897), 他通过艰苦和持续的努力, 完成了从外部进入并最终在德国科学体系中取得了核心地位, 他曾在前西普鲁士的德国克朗和前东普鲁士的布伦斯堡当过多年的文法学校教师, 后来才通过椭圆积分的数学工作获得科学上的认可, 还有赫尔曼·亥姆霍兹 (Hermann (von) Helmholtz, 1821—1894), 他在开始他的学术生涯之前, 原先是一名军医. 威廉·基灵 (Wilhelm Killing, 1847—1923) 对几何基础和无穷小变换群 (李代数) 进行了重要的研究, 在剩下不多的时间里, 他有一个庞大的教学计划, 包括所有的科学课程, 除此之外, 他甚至不得不在东普鲁士布伦斯堡的 Hosianum 学院担任过一段时间的校长, 那是他的老师魏尔斯特拉斯以前工作过的地方. 1892 年, 基灵成了明斯特 (Münster) 的一名教授. 然而, 在那里, 他的教学工作, 雷克托尔 (大学校长) 办公室的行政职务, 还有植根于他的天主教信仰的慷慨承诺等等, 占用了太多的时间, 以至于他几乎无法继续他的数学研究工作. 还有一些人, 比如数学家赫尔曼·格拉斯曼 (Hermann Grassmann, 1809—1877), 他们的一生都没有得到科学界的认可. 格拉斯曼是斯特丁 (Stettin) 的一名高中教师, 他创立了线性代数, 这是当今数学大学教育的基础, 从第一学期开始教授. (格拉斯曼也是一位主要的梵文研究者, 尤其研究《梨俱吠陀》. 与他的好的数学工作相比, 这些研究得到了学术界的认可). 数学之外的一个著名例子当然是奥古斯都的修道士格里高尔·孟德尔 (Gregor Mendel, 1822—1884), 他对遗传的数量规律的发现是生物学史上最深刻的见解之一, 却没有引起专业生物学家的注意, 直到世纪之交, 他的成果才被几位研究人员重新发现, 最初并无太大的反响, 但后来却成为现代基因概念的基础.

以前的版本 (详情请参阅第 7 章):

(1) 作品集 (各种版本, 最近由 Narasimhan 出版);

(2) 外尔有详细的数学评论.

第 2 章　历史的概述

2.1　物理学中的空间概念, 从亚里士多德到牛顿

黎曼的论文以一种新颖的方式链接了数学、物理和哲学, 甚至将亥姆霍兹关于感官的生理学也引入讨论. 因此, 为了从历史的角度考察黎曼的论文, 让我们首先概述一下在这些科学中发展起来的关于空间概念的历史. 几何研究的起点是欧几里得 (约公元前 300 年). 众所周知, 在他的《几何原本》中, 从少数的几个定义、假设和公理角度来看, 他以一种公理化的方式发展出了一整套的平面和空间几何理论. 这在以后的几何学发展中占据了主导地位, 以至于在很长一段时间内, 它常常被认为是无可替代的方案. 虽然欧几里得几何与柏拉图哲学的关系是毫无疑问的, 但它不符合亚里士多德的物理学. 欧几里得空间是均匀的 (即齐性的, 也就是说, 它的任何一点和其他点都是一样的)、各向同性的 (也就是说, 在所有方向上看起来都是相同的). 没有任何一点和任何一个方向会以任何方式有所不同. 相反, 亚里士多德 (公元前 384—前 322) 认为世界是一些位置的集合. 据他的观点, 一个物体的位置是由它的边界面决定的. 每个物体都有它想要移动的自然位置. 因此, 我们所处的世界是非均匀的. 因为物体会自然下落, 所以垂直方向与其他方向不同. 因此, 亚里士多德的空间不是各向同性的. 通过这种方式对比欧几里得和亚里士多德, 我们已经看到了几何学与物理学关系的基本问题, 或者换一种稍微不同的表述, 来讨论几何空间和填充于期间的物体之间的关系. 从物理学的角度看, 这也提出了关于真空存在的疑问, 真空是指没有任何物质的空间, 这一理论正是古代的德谟克利特 (Democritus, 约公元前 460—前 370) 和留基伯 (Leucippus, 公元前 5 世纪) 的原子理论所需要的, 但巴门尼德 (Parmenides) 和亚里士多德认为这是不可能的. 欧几里得空间是无限的[①], 物理空间的有限性或无限性的问题在古代也是有争议的, 亚里士多德再次站在对立面. 在他看来, 无限性只是作为时间的潜在性而存在, 而不是真实地存在于空间中. 意大利文艺复兴时期的艺术家和艺术理论家提出了一个新的观点, 他们想要表现的对象不再是真实的、客观的大小或展示与它们的重要性相对应的人物, 而是要在观察者的眼中表现出主观上的自我. 为

---

① 然而, 古代无限的概念不同于现代数学中由康托尔发展的无限观点. 无限不是被理解为真实存在的, 而是被理解为一种潜在性, 例如, 在构造性的意义上, 一条直线可以永远延伸, 没有尽头, 但无须赋予这条无限直线上所有点的先验存在. 关于无限概念的历史发展的系统分析见: S. J. Cohn, Geschichte des Unendlichkeitsproblems im abendländischen Denken bis Kant. Leipzig, Wilhelm Engelmann, 1896.

此, 他们必须客观地利用几何光学的有效定律, 这些定律反过来又遵循欧几里得几何的规则. 在某种意义上, 他们用一种与欧几里得几何学相对应的光线物理学代替了具体的物理学. 这也许是由海洋贸易兴起的需要而引起的制图学的需要所促进或影响的, 而制图学需要关注空间关系的表示[1]. 无论如何, 线性透视图可以看成从三维空间向二维曲面上投影的欧几里得几何. 这一几何学据说是佛罗伦萨建筑师和艺术家菲利波·布鲁内莱斯基 (Filippo Brunelleschi, 1377—1466) 发现的, 并在 *Della Pittura*《论绘画》(1435) 一书中首次出现, 该书由作家兼学者莱昂·巴蒂斯塔·阿尔贝蒂 (Leon Battista Alberti, 1404—1472) 所著. 这启发开普勒 (Kepler, 1571—1630) 和德萨格 (Desargues, 1591—1661) 提出了一种新的圆锥曲线处理方法[2]. 经过数学家之手, 这 (仅仅) 促进了 19 世纪上半叶以来射影几何的发展[3], 而这与 19 世纪后半个世纪由黎曼、克莱因和其他数学家所发展起来的思想相联系而成为代数几何的一部分.

16 世纪的意大利自然哲学也开始提出取代迄今占主导地位的亚里士多德-经院哲学世界观的观点[4]. 朱利叶斯·凯撒·斯卡利格 (Julius Caesar Scaliger, 1484—1558) 复兴了古代原子论关于虚空空间的学说 (the doctrine of the empty space), 这一学说认为空间是成为物体容器的先决条件. 与亚里士多德相反的是, 认为物体的位置不再由其边界面确定, 而是成为被这样一个边界所包围的三维几何的内容. 因此空间不再包围物体, 而是物体充满了空间. 贝尔纳迪诺·特里奥 (Bernardino Telesio, 1508/9—1588) 发展了一套动态的反亚里士多德的自然哲学. 对他来说, (虚空的) 空间是无形的和非实在的, 它只能接纳物体[5]. 对于弗朗切斯科·帕特里奇 (Francesco Patrizi, 1529—1597) 来说, 空间是数量的起源和来源, 它构成了世界万物的基础. 因为它没有表现出阻力, 它不是物质的, 但同时又有与纯粹的精神实体不同的是, 它具有延展的特征. 因此, 与亚里士多德相反, 空间在这里不是物体固有的真实存在的, 而是独立于物体之外的. 刚才讨论的这些观点对空间概念的进一步发展仍然是必不可少的和有效的.

---

[1] Samuel Y. Edgerton, The Renaissance Rediscovery of Linear Perspective, Basic Books, 1975.

[2] Field J. V. The invention of infinity. Oxford, New York etc., 1997.

[3] Kirsti Andersen, The Geometry of an Art. The History of the Mathematical Theory of Perspective from Alberti to Monge. Berlin etc., Springer, 2007.

[4] 整个历史发展的系统介绍, 可以参考 E. Cassirer, Das Erkenntnisproblem in der Philosophie und Wissenschaft der neueren Zeit, 4 vols, Darmstadt, Wiss. Buchgesellschaft, 1974 (reprint of the 3rd edition of volumes 1, 2 from 1922, of the 2nd edition of volume 3 from 1923, and of the 2nd edition of volume 4 from 1957). 简要介绍了反亚里士多德主义和机械哲学在牛顿之前的发展的 Daniel Garber, Physics and foundations, in: Katherine Park, Lorraine Daston (eds.), The Cambridge History of Science, Vol. 3, Early modern science, Cambridge: Cambridge Univ. Press, 2006: 21-69.

[5] 除了 Cassirer, Vol. 1, loc .cit., 之外, 见 R. Eisler, Philosophenlexikon, Berlin, 1912: 741. 关于 Telesio 的文章.

伽利略 (Galileo Galilei, 1564—1642) 的物理学建立了定量的数学定律, 这与定性的研究、亚里士多德的逻辑推理[①]、欧几里得几何学的假设等形成了鲜明的对比. 他考虑了理想化的情况, 比如一个球在无限延伸的斜面上滚动或在真空中匀速地运动, 它可以用精确的数学术语来描述, 同时又近似于现实世界中的物理过程. 理想运动与实际运动的区别在于 (与亚里士多德相反) 概念上的次要影响, 如摩擦和阻力. 理想的物理过程的统一性以它所发生的空间的统一性为前提. 在现代术语中, 物理运动的不变性可以归结为空间的变换而不改变其自身的几何学. 这就是所谓的伽利略不变性概念, 即物理定律在所有以匀速 (即没有加速度) 相对运动的参照系中都是相同的. 这在爱因斯坦的狭义相对论中仍然成立, 然而, 伽利略变换被相对论的洛伦兹变换取代, 在洛伦兹变换下, 不仅空间位置呈线性变换的, 而且时间也呈线性变换. 因此, 这样的洛伦兹变换不再发生在三维的欧几里得空间中, 而在一个由时间延展的空间里, 即四维的闵可夫斯基空间.

因此, 伽利略用非结构化宇宙本身的统一法则取代了亚里士多德关于有序和结构化宇宙的概念 (已经由乔尔达诺·布鲁诺 (Giordano Bruno, 1548—1600) 以极大的热情传播着)[②]. 这不仅是现代物理学的关键性突破, 而且也建立了现代几何学的

---

① 伽利略把重点放在物理发展过程的经验可测量上, 而不是它们从最终原理的推导上. 因此, 他认为世界不能轻易地从揭示的原则中推断出来, 而只能在经验上进行艰苦的探索, 需要加以测量. 有了这些观点和基本的原子论概念, 伽利略最终推翻了中世纪由于接受亚里士多德观点而形成的经院自然哲学. 根据经院自然哲学, 世界是一种为人类设计和揭示秩序的结构 (参见 E.A. Burtt. *The Metaphysical Foundations of Modern Science*. Mineola. Dover, 2003 (2 版, 1932)). 这一哲学也为亚里士多德区分形式和实质提供了基础, 而形式和实质又是圣餐 (Eucharist) 教义所需要的. 这是天主教世界观的一个重要组成部分, 而天主教世界观在反宗教改革运动中变得更加顽固. 这是教会反对伽利略自然观的一个基本原因. 这与 16 世纪意大利自然哲学中亚里士多德的世界观开始瓦解的情况相反, 如上所述, 当时罗马教皇的仁慈. 在伽利略的观点中, 只有无形的原子, 它们的性质, 如颜色, 只是在知觉的过程中才构成的. 而不是亚里士多德式的物质, 它可以有不同的形式, 反过来, 它们又可以被转化, 同时保持它们的形式在转化的奇迹中. 然后, 这样的奇迹就变成了不可能发生的事, 或者充其量也只是一种粗糙的感官幻觉. 当然, 哥白尼日心说也不与以人为本的创造计划相协调. 这些似乎是伽利略受到天主教会主要知识分子代表的抵制的更深层次的潜在原因. 这与流行的论述不同, 在这些论述中, 关于圣经某些段落的字面解释的小争论, 比如 Joshua 据传在占领耶利哥城时让太阳静止不动, 被认为是教会迫害伽利略的原因. 如果出于系统的原因认为这是有用的或必要的, 那么天主教会也可以用寓言的方式来解释圣经段落. 在马基雅维利所提倡的方法也可以用于学术讨论的时候, 经文很可能被用作修辞技巧的材料. 即使是物理实验, 也常常不清楚这些实验是实际进行的, 还是他们的结果仅仅是基于直觉的合理性作为系统理论的证据. 例如参考 Alexandre Koyré, Galilée et l'expérience de Pise: à propos d'une legende, in: Annales del'Université de Paris, 1937. 然而 Pietro Redondi, Galileo eretico, Torino, Einaudi, 1983 (英语翻译: 伽利略异教徒, 普林斯顿大学出版社,1987), 表明教会实际上看到了变形教义 (the doctrine of trans substantion) 的正当性, 这是反宗教改革运动的核心, 受到伽利略的威胁并因此受到谴责, 这一发现的结果可能并没有完全纳入科学史的讨论中.

② 经典的处理方法是 Alexandre Koyré, *From the closed world to the infinite universe*, Baltimore, Johns Hopkins Univ. Press, 1957. Cassirer, loc. cit., 包含了更多的材料, 在某些方面能更深入地探讨问题.

系统问题和难题, 这在黎曼的工作中达到了顶峰.

对于艾萨克·牛顿 (Isaac Newton, 1642—1727) 的物理学来说, 欧几里得空间是不变的容器, 其中的物理对象, 通常理想化为点质量, 以及在力的影响下的运动. 然而, 这一开创性的概念是为了反对笛卡儿关于物质的特征标准是其外延的观点[①]; 勒内·笛卡儿 (René Descartes, 1596—1650) 认为牛顿的质点概念完全没有意义. 由开普勒酝酿牛顿发展了的物质概念, 这一概念不是以空间的延伸为其特征[②], 而是以它们的动力效应为其特征, 即是与空间无关的性质或作用的可能性. 这使得物体在没有直接空间接触的情况下也有可能施加力[③]. 通过这一点, 牛顿迈出了一步, 超越了 17 世纪的机械自然哲学, 该哲学只承认物体之间的直接机械相互作用[④]. 对物理学的进一步发展起着决定性的作用. 然而, 这就引出了一个牛顿自己也无法回答的问题, 即这样的力是如何跨越空间距离而施加作用的[⑤]. 这使得笃信宗教的牛顿转向了神学. 然而哥白尼的日心说模型被马丁·路德 (Martin Luther) 迅速而激烈地否定了, 教皇乌尔班八世 (Pope Urban VIII) 经过再三的犹豫, 最后决定给伽利略定罪, 牛顿认为, 空间距离上的引力效应构成了上帝控制世界事物的证据, 这一观点被开明的英国基督教徒接受为对笛卡儿无神论思想的精彩反驳. 在他的物理理论中, 笛卡儿也曾试图通过涡旋运动来解释重力, 涡旋运动是通过物质

---

① 有关笛卡儿物理学的现代解释, 请参阅 Daniel Garber, *Descartes' metaphysical physics,* Chicago, London, The University of Chicago Press, 1992.

② 牛顿认为, 以延伸为特征的笛卡儿关于物质的概念混淆了空间和物体的本质属性. 牛顿把不可穿透性 (impenetrability) 看作是物理实体的一个重要特征, 并用物理论证驳斥了笛卡儿的理论, Isaac Newton, Mathematical Principles of Natural Philosophy, 1726. 然而, Alexandre Koyré, *Newtonian Studies,* Chicago, Univ. Chicago Press, 1965, 主张笛卡儿对牛顿的决定性影响. 甚至科学历史学家似乎也有他们最喜爱的英雄. 牛顿与笛卡儿概念的斗争也许可以从他死后出版的手稿中看得最清楚, 那很可能是在《几何原理》起草之前写的, 而《几何原理》通常以引用其开篇词 De gravitatione., 并首次出版英文翻译, 见 A.R. Hall and M. Boas Hall, *Unpublished scientific papers of Isaac Newton*, Cambridge, Cambridge Univ. Press, 1962, pp. 89-156.

③ 开普勒认为地球的吸引力是一种磁力, 灵感来自威廉·吉尔伯特 (1543—1603) 对磁力的研究, 吉尔伯特发现地球也像磁铁一样运动, 这可以解释指南针的性质. 值得注意的是, 直到今天, 物理学还没有成功地用一个统一的理论来捕捉磁性和引力, 我们将在下面详细解释.

④ 有关简洁但非常清楚地说明, 请参阅 Richard S. Westfall, *The construction of modern science. Mechanisms and mechanics.* John Wiley, 1971; Cambridge, Cambridge Univ. Press, 1977. 牛顿力的概念及其历史起源和准备的详细分析可在 Richard S. Westfall, *Force in Newton's physics*, London, MacDonald, 1971. 另请参阅 Ferdinand Rosenberger, *Isaac Newton und seine physikalischen Prinzipien,* Leipzig, Ambrosius Barth, 1895, 再版 Darmstadt, Wiss. Buchges., 1987.

⑤ 在科学史上一个值得注意的事实是, 在开普勒的手中, 这一想法在物理学上仍然具有丰富性和开拓性. 特别是, 这使他对潮汐原因有了深刻的认识. 正当伽利略曾试图解释如何由地球的旋转引起潮汐现象, 并认为发现了地球旋转的证据, 从而证明了哥白尼体系的正确性 (尽管这个论点与他自己的相对论理论矛盾), 开普勒将潮汐归因于月亮的影响, 也就是说, 一个空间距离的作用. 如果这个想法没有被接受, 牛顿的伟大系统也就不可能存在. 但是, 当牛顿理论的普遍接受使得对这一观点的质疑变得困难时, 物理学的进一步发展就受到了阻碍.

粒子的接触和相互作用产生的, 也就是说, 通过直接的物理接触而不是通过远距离的作用, 因此没有任何神圣的力量①. 但即使牛顿在神学上的这种扭曲的观点, 在当时的英国仍然得到了很多的支持, 这当然也是科学上的一个僵局.

以下是思想史中的一个核心问题, 因此对我们的考虑有一定的指导作用, 这个问题就是如何通过电场的电动力学概念来修正力的空间中介问题. 这一概念用 "近距离作用" 取代了 "远程作用". 通过黎曼关于空间及其性质的新概念, 它最终导致了爱因斯坦的广义相对论, 即空间和物质之间的动态相互作用.

这些经典力学中质点的随时间变化的位置可以用笛卡儿坐标来描述, 即由三个相互垂直的坐标轴上的数字表示. 因此, 通过笛卡儿坐标对欧几里得空间的参数化, 得到了一个适用于所有物理过程的固定参考系. 对于牛顿来说, 空间总被认为是欧几里得的, 因此也获得了对物体的本体论优先权, 并且牛顿认为空间是上帝的属性, 是上帝无所不在的表现②. 牛顿的这种绝对空间观念遭到了戈特弗里德·威廉·莱布尼茨③的尖锐批评. 莱布尼茨把空间关系看作是物体之间的关系, 从而形成了一个相对的空间概念④. 然而, 他无法反驳牛顿的相反论点, 即液体的旋转运动证明了物理学绝对空间效应 (直到 19 世纪, 恩斯特·马赫 (Ernst Mach, 1838—1916) 用固定恒星的引力效应来解释这种物理现象, 才实现了这一目标⑤). 尽管莱布尼茨的思想为未来物理学的发展播下了许多种子 (如连续性原理与邻近或能量守恒的作用), 牛顿物理学因其优越的力的概念在当时赢得了胜利. 无论如何, 牛顿的一个指导原则是把真正的几何事实用力的作用来表示. 我们通过这样的事实 —— 太阳通过它的引力使行星保持在它们的轨道上 —— 认识到太阳在行星系统的中心. 虽然潜在的空间概念有问题, 并且牛顿也对空间的远距离物体之间的作用概念感到不自在,

---

① 例如, Koyré *Closed world*, loc. cit. 尽管欧拉笃信宗教, 但 18 世纪的主要科学家欧拉仍然提倡这种观点.

② 空间是上帝无所不在的表现的思想已经由剑桥柏拉图学派, 特别是由牛顿的朋友亨利 (1641—1687) 发展的, 而时间是上帝永恒和不变的存在的表现的思想则由艾萨克·巴罗 (1630—1677) 所发展, 巴罗是 More 的同事, 是牛顿的老师、同事和朋友. 请参阅 E.A. Burtt, *The metaphysical foundations of modern science*, Mineola. Dover, 2003 (第 2 版, 1932). 对于牛顿来说, 空间和时间甚至是上帝的感官, 这自然导致了上帝对现实的自我感知. 然而, 这里, 我们不能详细讨论这些后来的发展.

③ 参见莱布尼茨和牛顿的追随者塞缪尔·克拉克 (1675—1729) 之间著名的论战, G. W. Leibniz, *Hauptschriften zur Grundlegung der Philosophie*, part I, pp. 81-182, 翻译 A. Buchenau, 编辑 E. Cassirer, Hamburg, Meiner, 1996 (第 3 版, 1966).

④ 为了在莱布尼茨哲学的背景下对他的空间概念进行系统的阐述和分析, 我参考了 Vincenzo De Risi, *Geometry and Monadology. Leibniz' Analysis Situs and Philosophy of Space*, Basel etc., Birkhäuser, 2007, pp. 283-293. 莱布尼茨的结构上的考虑远远超出了他所处时代的讨论范围, 但由于这些考虑没有系统地发表, 因此也没有得到同时代人的正确理解, 故没有产生持续的影响.

⑤ 但即使是马赫的这个论点也没有提供最终的解决方案. 这只是在广义相对论中才有, 下文将对此作更详细的解释.

牛顿的万有引力定律的数学公式仍然是物理理论的典范①. 远距离作用的概念, 如前所述, 后来被法拉第和麦克斯韦理论中传播场的无穷小概念取代. 这些理论都与电磁学有关, 这是一种不同于重力的物理力, 但是爱因斯坦的广义相对论是一种引力场理论.

与亚里士多德和笛卡儿相比, 莱布尼茨和牛顿果断地贯彻了空间与物体概念的分离, 这在当时看来无疑是一个重大进步. 但从某种意义上说, 这种概念上的分离又被广义相对论所回归.

让我们再次回到动学力方面和力的作用. 在亚里士多德及其追随者的物理学研究中, 物体之所以运动是由于它自身的习性 (propensity). 石头之所以落到地上, 是因为它的目的是要回到它的自然状态. 因此, 物体具有活跃的运动倾向是由于内在的最终原因. 那么, 一个根本的问题是, 当你扔石头的时候, 为什么石头在手的推动下, 在离开你的手之后还会继续运动呢? 对于伽利略和笛卡儿来说, 问题反过来了, 那就是为什么石头一旦扔出去不会永远保持运动, 而是最终会静止下来. 在笛卡儿的物理学中, 物理世界是一连续统中的连续物理实体, 运动是物体存在的一种方式. 亚里士多德并不认为物理运动与物体所能经历的其他变化有本质的不同, 与亚里士多德不同的是, 笛卡儿将运动的概念局限于局部位置的变化, 关注的是物体与其周围环境的直接关系②. 牛顿和莱布尼茨的概念与亚里士多德的有根本的不同, 但在重要方面也与笛卡儿的不同. 在牛顿物理学中, 一个物体改变它的静止或运动状态, 是因为其他遥远的物体对它施加了力, 而不是它自己的倾向. 剩下的只是伽利略关于物体惯性的概念. 这些力可以是引力 (如重力), 也可以是排斥力 (阻止一个物体进入其他物体占据的空间). 康德随后系统地提出了这一动力学观点, 用这种排斥力的动力作用取代了诸如物体不可穿透性等概念. 对于他来说, 物质是由吸引力和排斥力之间的平衡构成的③. 当然, 在牛顿物理学中, 物体之间的相互作用是相互的, 因为他的第三定律是作用力等于反作用力, 但如上所述, 力是通过空间距离而作用的. 莱布尼茨的宇宙由一组共存的单子组成, 每一个单子都反映了整个宇宙本身, 尽管是以一种不确切的方式. 因此, 世界是由一个相互影响的单子组成的网络, 它

① 牛顿不允许自己在《自然哲学的数学原理》一书中探究万有引力的起因问题. 根据他的经验主义, 通过对现象的仔细观察, 他想归纳出一些规律, 然后用数学公式和数学方法对进一步的现象进行经验可检验的预测. 在这个意义上, 我们应该理解他著名的 *Hypotheses non fingo* 然而, 在其他情况下, 他确实推测了以太可以作为重力和其他物理力量的媒介, 见 E.A. Burtt, loc. cit. 例如, 在 1979 年多佛再版的《光学》第 350 页, 他推测有一种以太可以成为引力的介质. 牛顿的追随者们发展了牛顿物理学的标准版本或解释, 即在没有媒介的帮助下, 引力可以直接作用于真空空间, 而康德则在其哲学框架中已经推导出了这一解释.

② 见 Daniel Garber, loc. cit.

③ 康德试图通过对先验概念的数学分析来解释物理学的机械哲学的数学方法, 与他自己的形而上学动力方法进行了对比, 后者使用力作为基本成分, 因此依赖于经验. 参阅 Michael Friedman, *Kant's construction of nature*, Cambridge, Cambridge Univ. Press, 2012.

们不需要直接的物理接触就能感受到彼此的影响①. 事实上, 单子本身并不是受制于空间的, 这与笛卡儿的关于物质的特征是空间的延伸概念形成了鲜明的对比, 而空间只是由它们之间的相互关系构成的网络②. 因此, 对于牛顿和莱布尼茨来说, 力的概念 (从牛顿情形下的重力和惯性力的经验观察并量化为质量乘以加速度, 到莱布尼茨的内在动能 —— 量化为质量乘以速度的平方并保持能量的守恒) 对物质来说都是本构的, 这与笛卡儿的几何延伸形成了鲜明的对比. 物体在运动 (或者更准确地说, 改变它们的静止或匀速运动的状态), 因为它们感觉到其他遥远物体的影响. 而现在, 与笛卡儿不同的是 (在笛卡儿那里, 认为一个物体只能受到那些与之有直接接触的其他物体的影响), 一个物体可以受到所有其他物体的影响. 这最终将焦点从个体的物体引向整个宇宙. 这一点在康德的自然哲学中已经很明显了③. 当然, 最终它在爱因斯坦的广义相对论中达到了顶峰. 然而, 在此之前, 爱因斯坦首先发展了他的狭义相对论, 在狭义相对论中, 他克服了物理力或影响在距离上瞬时传递的假设, 这是牛顿, 尤其是莱布尼茨概念的基础. 同样地, 另一种不是瞬间传播的力, 而是以有限的速度传播的, 即以光速传播的力 —— 电磁场力, 这是由电磁场理论所提出的.

2.2   康德的空间哲学

牛顿物理学和莱布尼茨的本体论是康德哲学的出发点.

康德想要发展一个牛顿物理学的哲学证明. 他将莱布尼茨对空间的纯粹关系理解与牛顿的绝对空间的对比消除了, 因为他不把空间定位在物质世界中, 而是把空间作为一种直观的形式注入被感知的主体④. 无论如何, 康德强调的是空间的相对性, 并以此反对牛顿. 但康德的主要观点是, 空间作为共存的可能性是经验的前提. 对康德来说, 空间就此观点而言, 它是经验上的实在, 但却是先验的观念, 因为它本身并不构成事物的基础. 康德更进一步并认为空间的陈述是先天的综合判断, 也就是说, 感知主体的建构先于每一种经验 (反之亦然, 使经验成为可能). 它们是

---

① 实际上, 莱布尼茨的观点更为复杂, 但这里不适合详细讨论. 例如参考 M. Guerault, *Dynamique et métaphysique leibniziennes*, Paris, Les Belles Lettres, 1934, 以及许多其他关于莱布尼茨自然哲学的著作.

② 例如参考 Daniel Garber, *Leibniz: Body, Substance, Monad*, Oxford, Oxford Univ. Press, 2009, 然而, 他强调了莱布尼茨自然哲学在他的一生中所经历的变化.

③ 参见康德自然哲学的综合分析 Michael Friedman, *Kant's construction of nature*, loc. cit.

④ Immanuel Kant, *Kritik der reinen Vernunft*, 1781, 在他的 *Werkausgabe Bd. III/IV*, ed. W. Weischedel, Frankfurt, 1977. 我将要用由 Paul Guyer 和 Allen W. Wood 的译本 *Critique of Pure Reason*, Cambridge etc., Cambridge University Press, 1998. 这个版本, 像 Werkausgabe 的版本, 给出了第一版 (1781 年) 和第二版 (1787 年) 的 *Critique*(批判); 例如, A86/B 118 是指第一版的第 86 页和第二版的第 118 页.

综合的, 这意味着它们不能简单地通过对空间概念的分析而得到, 而必须经过独立的构造. 对康德来说, 这些综合判断先验地包括了欧几里得几何公理. 针对莱布尼茨和沃尔夫 (Wolff, 1679—1754), 康德因此强调并阐述了几何的公理化性质, 即几何有真正的公理①, 几何的命题不能从定义中解析地得到. 对于这一同样被数学所接受的重要洞见, 康德与数学家约翰·海因里希·兰伯特 (Johann Heinrich Lambert, 1728—1777) 的接触可能也有所帮助 (兰伯特是非欧几里得几何学的先驱). 特别是, 对于康德来说, 欧几里得几何在逻辑上是没有必要的.

此外, 康德强调几何的建构性, 并由此导出三维欧几里得几何作为直观建构的唯一性. 因此, 在康德看来, 欧几里得几何是否在逻辑上是必要的, 这是一个备受争议的问题, 这一点对康德观点的解释至关重要. 毕竟黎曼含蓄地指出, 欧几里得几何的假设是不必要的, 而是特定的几何假设, 而亥姆霍兹把这一点作为他认识论论证的核心. 因此, 正统的康德学派最初拒绝了黎曼和亥姆霍兹的观点②. 但当这一立场的不可靠性逐渐变得清晰时, 后来又努力将黎曼和亥姆霍兹的论点纳入康德体系③.

由于这是接受这一观念的历史中的一个重要方面, 所以有必要对康德的观点进行更详细的阐述. 更确切地说, 这是在《纯粹理性批判》中发展起来的空间理论. 我们应该注意到康德的空间观念在他的一生中有过多次的改变, 并且总是将牛顿物理学中的绝对空间观念与莱布尼茨本体论中的空间关系概念交织在一起, 因此, 这种改变不是真实的, 而是观念上的. 这就更加复杂了, 因为牛顿和莱布尼茨都把这一讨论与神学方面结合起来. 在他早期的著作《对生命力量的真实估计的思考》(Gedanken von der wahren Schätzung der lebendigen Kräfte) 中, 康德提出了空间作用力与其几何结构之间关系的假设, 特别是在万有引力定律和三维空间之间. 他还思考了更高维空间的可能性④.

---

① 这里的公理不应该被解释为现代意义上的, 根据希尔伯特的观点, 这里不应被理解为现代意义上的公理, 而是作为一个任意的规定.

② 在这种情况下, 当保罗·弗兰克斯在布赖恩·莱特和迈克尔·罗森编辑的《大陆哲学牛津手册》(Oxford Handbook of Continental Philosophy, Oxford 等, Oxford university Press, 2007, pp. 243 286(特别是关于亥姆霍兹的第 269-276 页) 将亥姆霍兹归类为新康德主义者时, 只会造成混乱. 因为所谓的新康德在这方面值得一提的是, D. G. Schiemann, *Wahrheitsgewissheitsverlust. Hermann von Helmholtz' Mechanismus im Anbruch der Moderne*. Eine Studie zum Übergang von klassischer zu moderner Naturphilosophie. Darmstadt, Wiss. Buchges., 1997. Schiemann 特别指出, 亥姆霍兹在物理测量条件下的经验证明方法与康德先验主体的出发点有何不同. 并考察了亥姆霍兹自然哲学在其一生中所经历的系统变化. 也可见选集中的一些文章 David Cahan (ed.), *Hermann von Helmholtz and the Foundations of nineteenth-century science*, etc. Berkeley, University California Press, 1993.

③ 请参阅接受历史中下面的参考资料.

④ 莱布尼茨已经考虑过这一点, 见 De Risi, loc. cit. 莱布尼茨接着试图证明空间的三维性.

但在他的论文中, 康德主张空间的本体论优先于它所包含的对象[1]. 他使用了左手和右手的例子 (或者一只手和它的镜像, 或者左手手套和右手手套, 或者左旋和右旋的螺丝), 它们本身是相似的 —— 在现代数学术语中是彼此同构的 —— 但由于它们在空间上不能重合而彼此分开. 按照康德的观点, 这就意味着它们的属性并不完全由它们自己决定的, 而是由空间赋予它们的一个重要属性 —— 偏 (左或右) 手性 (handedness). 然而, 就康德的目的而言, 论证的最后一个重要部分不能得到支持. 要理解这一点, 需要对空间结构有更深层次的了解, 这是康德还没有做到的. 要理解这一点, 考虑欧几里得平面上的左、右手印的降维版本. 这些图形不能通过平面内的运动 (或者换句话说, 通过属于平面的运动) 相互转换. 但这并不是两个图形的性质, 而是取决于空间的拓扑结构. 如果我们把一个平面条带 (可能包含我们所说的两个图形) 粘在一个默比乌斯条带上, 就有可能在这个新的几何空间中把两个图形相互转换. 平面和默比乌斯带之间的区别在于, 后者是不可定向的, 正如下面将要解释的, 两者具有相同的内部几何形状, 因为图形不会因默比乌斯带的构造而变形. 这意味着偏 (左或右) 手性不能再以一致的方式所赋予. 因此, 这两个图形之间的几何差异消失了. 另一种可能是如果我们允许离开平面到其环绕空间中并把图形翻转过来就可以把一个图形转换成另一个图形. 从几何的观点看, 这是平面在直线上的反射, 这个操作不能作为平面本身的连续运动来实现, 而只能作为三维空间的变换来实现. 因此, 如果我们放弃空间的方向 (也就是说, 使其不可定向), 或者增加一个维度, 我们就可以把左边移到右边, 而左边和右边不再是图形的属性. 在三维空间中也是一样的. 像二维空间中的默比乌斯带一样, 我们可以在数学上定义一个具有局部欧几里得几何的三维的非定向空间, 也可以从三维空间过渡到四维空间, 通过空间的运动将一个左手图形转换成一个右手图形. 因此偏 (左或右) 手性并不是空间赋予几何对象的一个绝对属性, 而区分偏左性和偏右性的可能性是空间的拓扑属性[2]. 在康德的例子中, 空间的这种性质是通过在空间中发现

---

[1] Immanuel Kant, *Von dem ersten Grunde der Unterschiede der Gegenden im Raume*, 1768, in ibid., *Vorkritische Schriften bis 1768, Werkausgabe Bd. II*, hrsg. v. W. Weischedel, Frankfurt, 1977, S. 991-1000; 英文译本见 Kant, *Theorerical Philosophy*, 1755-1770, transl. and ed. D. Walford, with R. Meerbote, Cambridge, Cambridge Univ. Press, 1992. 这一例子在同上中再次讨论. *Prolegomena zu einer jeden küftigen Metaphysik die als Wissenschaft wird auftreten könen*, 1783, 同样地, *Schriften zur Metaphysik und Logik 1, Werkausgabe Bd. V*, edited by W. Weischedel, Frankfurt, 1977, pp. 111-264, §13; 英文译本见 Kant, *Prolegomena to Any Future Metaphysics That Will Be Able to Come Forward as Science*, transl. and ed. G. Hatfield, Cambridge, Cambridge Univ. Press, rev. ed., 2004.

[2] 例如参看文献 Hermann Weyl, *Philosophy of Mathematics and Natural Science*, Princeton, Princeton Univ. Press, 1949, 2009 (translated from the German).

的物体的观察发现的. 这正是对空间本体论优先性的质疑①. 然而, 这个问题只能通过高斯 (Gauss, 1777—1855) 和黎曼的几何洞察力来解释. 高斯②在任何情况下都已经反驳了康德, 康德自己的观点, 即我们只有通过对真实存在的物体的演示, 才能将我们对左右之间差异的认识传达给他人, 这恰恰证明了空间必须具有独立于我们直觉之外的真实意义. 这一观点不是 (或不仅是) 针对空间相对于物体的本体论优先级, 而是针对《纯粹理性批判》中提出的空间作为外部经验的纯粹直觉的学说, 这与康德的论文相比是一个重大的变化. 事实上, 康德有个著名的论断, 空间是一种必要的直觉, 是先验的, 是所有外部经验的前提, 因为人们确实可以想象一个没有物体的空间, 但并不是没有空间. 空间是一种直觉, 而不是一个概念, 因为我们可以对它得出不明显的结论, 如几何的命题③. 此外, 它是一种纯粹的, 而不是经验的直觉, 因为几何命题是绝对正确的, 也就是说, 与对其必然性的洞察有关, 特别是对三维空间的洞察. 作为一个例子, 下面我们将要返回这里的是 "两点之间直线段最短就是一个综合命题. 因为我们的直线概念不包含数量, 只包含质量. 因此, 最短的概念完全是附加在直线上的, 任何分析都不能从直线的概念中提取出来. 这里必须从直觉中得到帮助, 只有通过直觉, 综合才有可能"④.

特别是, 关于空间的数学直觉不是经验的: "并不是物体的图像 (images), 而是认知图式 (schemata) 奠定了我们纯感性概念的基础. 没有一个三角形的图像能完全符合它的概念. 因为它不能达到概念的普遍性, 这使得它适用于所有三角形, 如直角三角形或锐角三角形等等. 但总是局限于这个领域的一部分. 三角形的图式除在思维中存在外, 在任何地方都不可能存在, 并标志着关于空间中纯粹形状的想象力合成的规则"⑤. 但由于这种直觉不是经验的, 它必须来自感知主体 (或者更准确地说, 根据康德的观点, 来自先验的主体). 因此, 几何命题的必然性起源于感知主体, 作为一种条件, 使人们有可能根据空间的特殊性来组织各种现象. 在某些方面和某种程度上, 欧几里得几何的命题在逻辑上不是必要的. 对康德来说, 欧几里得几何的唯一区别在于它是直观可构造的. 我们人类必然把空间想象成欧几里得空间. 康德用下面的例子来说明这一点: "因此, 在两条直线之间所包含的图形的概念中不存在矛盾, 因为两条直线的概念及其交点并不包含对图形的否定; 相反, 不可能不在于概念本身, 而在于概念在空间中的建构, 也就是空间的条件及其测定; 但

---

① 关于莱布尼茨和康德在这一问题上的立场的比较, 以及关于这一问题的最新文献综述, 请参阅 Vincenzo De Risi, Geometry and Monadology. Leibniz's analysis situs and Philosophy of Space, etc. Basel, Birkhäuser, 2007, pp. 283-293.

② Carl Friedrich Gauß, *Werke,* Götingen, 1870-1927, reprint Hildesheim, New York, 1973; Vol. II, pp. 177.

③ 从数学公理中可以得出不明显的结论, 这是数学哲学的中心主题. 柏拉图式的方法将数学视为发现永恒真理的机会或工具. 然而, 外尔的《哲学》强调数学的构造性和创造性.

④ 康德, 《纯粹理性的批判》第二版, 导言, B16(第 145 页)(原文强调).

⑤ 同上, A 141/B 180(第 273 页).

这些反过来又有其客观现实, 即它们属于可能的事物, 因为它们本身就包含着一般经验的先验形式①."

然而, 关于这些观点, 康德的解释是相当灵活的. 当然, 其中一个原因是康德本人多次改变了他对这些问题的看法, 《纯粹理性批判》中的关键论点使用的术语只有在他后来的推理中才变得清晰. 另一方面, 它给康德学派带来了相当大的困难, 使他们无法对康德的相关论点做出与后来的数学、物理见解和发现不冲突的解释.

2.3　作为基本模型的欧几里得空间

现在, 我们想把上面描述的一些发展置于黎曼的工作所揭示的系统背景中. 因此, 本节我们将用概念方案替代历史的描述. 在黎曼及其追随者和后继者的几何中, 一方面放弃了欧几里得空间的优先级; 另一方面, 欧几里得空间作为参考模型继续享有特殊的地位. 曲率度量了与欧几里得模型的局部偏差 (然而, 由于曲率的可能性, 它不再是局部欧几里得的, 全局上也不在是欧几里得空间也就是说, 在大规模上, 因为存在其他类型拓扑关系的可能性). 因此, 以欧几里得空间具有等于零的曲率的方式将曲率标准化②. 在对黎曼几何的基本概念进行了这样的预期之后, 我们想再次回到这样一个问题, 即欧几里得空间在历史上是如何获得零曲率模型这样一个角色的. 这里, 不同的发展路线再度融合在一起.

(1) 我们已经在文艺复兴时期的绘画理论和实践中描述了线性透视的发展, 也就是欧几里得透视法, 而欧几里得透视法又依赖于光线传播的欧几里得法则. 将欧几里得空间投影到平面上去, 有一个基本的思想, 即平行线被认为是在无穷远处相交的, 并且这样一个交点是在无限远处的, 即用铅笔画出的平行线将收缩成一个没影点 (vanishing point).

(2) 我们还解释了欧几里得空间作为物理过程载体的概念是如何从引力理论中产生的. 我们想再次提到这一点, 因为这对于更深入地理解后续数学发展的基础也是至关重要的. 惯性定律指出, 在没有外力作用的情况下物体将保持匀速运动, 因而沿着一条直线运动, 这在数学上被认为是在欧几里得的空间中、物理上被认为是在空 (empty) 的空间中的运动. 现在重要的是要认识到这样的情况下实际上是非物理的, 因为物理过程本身就是物体之间的相互作用. 因此, 伽利略拒绝把这种情况作为他的物理理论的基础. 在他的模型中 (在后来的概念化中, 因为伽利略当然没有引力理论), 他把一个没有外力的运动置于一个中心引力场中. 所以他不准备接受一个没有引力的物体作为最基本的情况, 因为这样一个物体不拥有任何物理实

① 同上, A 221/B 268 (第 323 页).

② 欧几里得空间也被称为 "平坦的", 而 "曲率" 一词应该简单地表示偏离这个平的、直的形状.

在[1]. 所以在他的推理中, 他经常用一个球面来代替无限平面 (欧几里得平面), 在这个球面上, 只受中心引力作用的物体可以自由运动. 伽利略最终没有准备好采取的一个关键步骤, 就是把一个物理情况看作是对非物理的零曲率模型的偏离. 与此相反, 正如所描述的, 牛顿把一个本体论的实在作为绝对空间, 归功于这个零曲率模型.

(3) 因为欧几里得空间可以被认为是物理上空的空间, 从物理的角度来说, 它就是真空 (vacuum), 或者从数学上讲, 真空的底空间 (substrate). 关于真空的可能性的问题现在也涉及物理理论的基础, 正如所述的那样, 亚里士多德和笛卡儿都反对真空, 因为它与他们的物理理论不相容. 由于笛卡儿的数学概念与他的物理概念不相符, 因而作为一个物理学家他是失败了. 他的伟大的数学成就是引入了笛卡儿坐标来对空间进行系统的描述和代数方程表示.[2]这个空间使得用笛卡儿坐标系地处理函数关系成为可能. 三维笛卡儿空间是一个欧几里得空间, 其中点的位置由三个相互垂直的坐标轴上的数值决定.[3]因此, 笛卡儿空间实际上非常适合描述真空, 至少如果它能恰当地捕捉到真空的拓扑和维度特性, 就像当时含蓄地假设的那样[4]. 然而, 笛卡儿的物理学是建立在碰撞引起的机械相互作用的基础上的. 因此, 对于他而言, 物理学在真空中是不可能的. 然而, 伽利略仍遵循着原子论的传统, 这一传统曾被古代的留基伯 (Leucippus, 公元前 5 世纪)、德谟克利特 (Democritus, 约公元前 460—前 370) 和伊壁鸠鲁 (Epicurus, 公元前 341—前 270)(更多的是一种没有任何具体物理基础的自然哲学推测) 提出并发展, 因此, 对于伽利略来说, 真空是不成问题的. 正如所解释的那样, 牛顿理论提出了一个问题: 真空在多大程度上可以作为物理力的载体.

(4) 欧几里得空间不仅是空的, 而且是无界的 (unbounded)、无限的 (infinite). 在黎曼的工作之前, 这两个性质之间的区别也不是很清楚, 黎曼阐明了流形不必有边界, 也不必是无限的 (用现代术语说, 这将是紧致的闭流形, 如球面及其高维类似

---

① 因此, Alexandre Koyré *Edes Galiléennes*, Paris, Hermann, 1966, 试图否认伽利略对惯性定律的认识, 即使在伽利略和他的继任者 Cavalieri (1598—1647)、Torricelli(1608—1647) 和 Gassendi(1592—1655) 多次引用的段落中, 这一定律被含蓄地假定和明确表达的. 简单地说, 与牛顿不同, 他并没有把它作为物理理论的基础, 因为他认为没有其他物体影响的运动是非物质的.

② 然而, 笛卡儿坐标只是隐含在笛卡儿的几何学中, 而不是由笛卡儿明确地构造出来的. 但由于笛卡儿奠定了概念基础, 因此仍有理由以他的名字命名这些坐标. 如参看 Mariano Giaquinta, La forma delle cose, Roma, Edizioni di Storia e Letteratura, 2010, 或者 A. Ostermann, G. Wanner, *Geometry by Its History*, Berlin, Heidelberg, Springer, 2012.

③ 如下文所述, 实际的逻辑关系正好相反: 我们通过将笛卡儿空间各坐标轴上的坐标差的大小解释为距离, 并认为不同的坐标相互垂直, 从而得到欧氏空间的度量结构. 因此, 欧几里得空间具有一种度量结构, 这种结构本身还不包含在笛卡儿概念中, 而笛卡儿坐标空间的确定方式不是由欧几里得提供的. 在不同的坐标系中, 几何事实的清晰分离及其不同的描述是黎曼的基本成果之一.

④ 欧几里得空间的几何结构是否适宜归属于真空, 这一问题引出了现代物理学, 下面将对此进行讨论.

物, 参见下面黎曼论文中的注释). 从亚里士多德到开普勒, 宇宙的无限性在很长一段时间内也被自然哲学和神学的考虑所排斥. 无限空间的概念是由库萨的尼古拉斯 (Nicholas of Cusa, 1401—1464) 提出的, 并被乔尔达诺·布鲁诺 (Giordano Bruno) 作为一种从中世纪世界观的局限中解放出来的思想而重点支持[1]. 值得注意的是, 这样一个无限空间可以成为有限空间 (紧黎曼流形) 的参考模型.

(5) 由莱布尼茨和牛顿引入的微积分可以被认为是可能的非线性过程的线性逼近方案. 因此, 在这个方案中, 一个过程是无穷小线性的, 给定时刻 t 的线性结构由它对 t 的导数决定. 然而, 在局部, 由于相互作用, 这个过程偏离了这个线性近似. 微分学最初是为了分析时间过程而发展起来的, 后来成为一种通用的工具来近似静态结构, 特别是在 18 世纪占统治地位的数学家莱昂哈德·欧拉 (Leonhard Euler, 1707—1783) 的手中. 微分几何, 特别是黎曼几何将一个一般的空间结构建模为无穷小线性, 并通过 P 点处的曲率量化给定点 P 附近的局部偏差. 欧几里得–笛卡儿空间的区别在于它是全局的, 而且它不仅具有无穷小的线性结构 (在现代数学术语中它是一个向量空间). 因此, 欧几里得空间再次成为一个模型空间, 可以与一般空间进行比较[2]. 此外, 黎曼将把笛卡儿空间的全局坐标化转化为流形的局部坐标描述 (如下面所述的黎曼概念). 因此, 坐标不再是本体论的基础, 而是对几何关系和物理过程的常规描述. 这又将引出爱因斯坦相对论的基本问题, 即确定与坐标选择无关的几何和物理性质. 不同坐标描述之间的变换规律, 特别是黎曼后继者系统地发展起来的黎曼曲率不变量思想, 为爱因斯坦的理论提供了数学基础.

(6) 奠定爱因斯坦狭义相对论理论基础的时空是闵可夫斯基时空 —— 四维欧几里得空间的一个版本, 带有一个相对度量, 这个度量中的时间和空间符号相反, 但保留了欧几里得空间的向量空间结构, 并且包含了三维欧几里得空间作为其子空间. 在爱因斯坦的广义相对论中, 闵可夫斯基时空作为参考空间仍然发挥着基础性作用. 特别地, 它是爱因斯坦场方程的真空解. 虽然它不是唯一的真空解, 但却是这种解之中最简单的和最基本的.

(7) 量子力学中的希尔伯特空间是一个无限维的欧几里得空间. 特别是, 它具有欧几里得度量结构.

在这有点漫长的期待之后, 我们现在回到黎曼之前的历史发展.

---

[1] 关于这个, 参看 Alexandre Koyré *From the closed world to the infinite universe*, Baltimore, Johns Hopkins Press, 1957. 值得注意的是, 今天的宇宙学回到有限宇宙的概念, 在其他原因中, "解释" 宇宙的出现从一个奇异点 (即大爆炸) 开始, 从而重新获得历史维度与真正的无限但静止的宇宙形成鲜明对比.

[2] 然而, 在黎曼之后, 又引入了更一般的空间概念, 从而放弃了欧氏空间的可逼近性条件. 例如, 所谓的拓扑空间. 黎曼流形的概念后来发展到只有所谓的可微流形, 但是更一般的流形不再满足这个可逼近的条件. 因此, 欧几里得空间最终将失去其特殊的地位. 当我们分析黎曼的论文时, 将会给出更多的细节.

2.4 几何的发展: 非欧几何和微分几何

几何学发展史上的一个指导性的问题是平行公理问题. 欧几里得第五公设指出: "如果一条线段与两条直线相交形成的同一侧的两个内角和小于两直角, 那么无限期延长这两条直线, 则这两条直线会在内角和小于两直角的一侧相交. "①

当我们假设其他欧几里得公理成立时, 欧几里得平行公设 (有时以苏格兰数学家约翰·普莱费尔 (John Playfair, 1748—1819) 的名字命名) 的等价形式是: "在平面上, 给定一条直线和一个不在直线上的点, 通过给定的点最多只能画出一条平行于给定直线的直线. " 这也等价于任意三角形的三内角之和等于 180°. 平行公设在欧几里得的著作中显然有着特殊的地位, 因此, 这样的问题 "它是否可以从其他公理和公设中推导出来, 从而不能独立于这些公理和公设之外" 就被提了出来. 经过激烈但最终失败的尝试, 试图从这个公理不成立的假设中推导出一个矛盾, 从而证明它对其他公理的依赖, 慢慢地, 人们认识到欧几里得几何的另一种选择在逻辑上是可能的, 其中平行公理可以不成立. 在重要的先驱约翰·海因里希·兰伯特 (Johann Heinrich Lambert, 1728—1777) 之后, 第一个完全意识到这一点的人是高斯, 然而, 由于担心被同时代的人误解, 高斯不想公开他的发现. 因此, 非欧几里得几何则是由尼古拉·罗巴切夫斯基 (Nikolai I. Lobatchevsky, 1792—1856) 和雅诺斯·波尔约 (Janos Bolyai, 1802—1860) 在 1830 年之前独立发现的②. 非欧几里得几何学的奠基人逐渐认识到哪种几何是有效的, 欧几里得几何还是非欧几里得几何, 是一个经验性的问题, 可以由空间三角形的角度测量来决定. 然而, 即使在天文尺度上, 以当时可用的测量精度, 也无法发现与欧几里得角和有任何偏差③.

然而, 黎曼的几何起点并不是非欧几何 (黎曼甚至都没有明显地提到过非欧几何)④, 而是高斯提出的曲面理论⑤.

在对汉诺威王国进行大地测量时, 高斯想从理论的角度来解释这个问题, 因此他研究了欧几里得空间中的曲面几何. 具有深远意义的是他对几何量的区分, 其一

---

① 见欧几里得《欧几里得原本十三卷》, 海伯格译. 托马斯·L·希思爵士的导言和评论, 3 卷, 第二版重印, 多佛, 1956 年, 2000 年.

② 英文译本见 Roberto Bonola, *Non-Euclidean Geometry. A Critical and Historical Study of its Developments,* Dover, 1955. 如需更多资料, 请参阅本书第 7 章.

③ 关详细信息, 请参见例如 B. R. Torretti, *Philosophy of Geometry from Riemann to Poincaré*, Dordrecht, Boston, Lancaster, 1984, 63f, 381.

④ 参看 E. Scholz, *Riemanns frühe Notizen zum Mannigfaltigkeitsbegriff und zu den Grundlagen der Geometrie*, Arch. Hist. Exact Sciences 1982, 27: 213-282.

⑤ C. F. Gauß, *Disquisitions générales cira superficies curas.* Commentationes Societatis Gottingensis, 1828, 99-146; Werke, Bd. 4, 217-258; 英文翻译见 Peter Dombrowski, 150 *years after Gauß' "Disquisitiones generales circa superficies curvas"*, Astérisque 62, Paris, 1979.

是可以通过曲面本身的度量来确定的几何量, 其二是那些需要通过曲面以外的周围空间来进行测量的几何量. 这就是空间中曲面的内蕴几何和外在几何的区别. 高斯确定了作为内蕴几何的一个基本量, 这个量后来被称为高斯的曲率或高斯曲率 (Gauss curvature). 对于这个量, 黎曼给出了一个新颖的解释和一个意义深远的概括. 高斯的出发点是外在的几何量, 也就是曲面 S 在给定点 P 处的主曲率. 为了确定它们, 我们考虑在 P 点与曲面 S 垂直相交的平面. 这样, 平面和曲面 S 的相交线 (也称为法截线) 就得到曲面 S 上的一条 (在 P 附近) 曲线 c. 那么, 这条曲线在 P 点处有一个曲率 k(用符号表示, 它可以是正的, 也可以是负的). 在所有这些相交曲线中, 有一个最小的曲率 k_1 和一个最大的曲率 k_2[①] 这两个主曲率一般取决于曲面在空间的形状. 高斯随后得出了一个惊人的结果 (称为绝妙的定理), 即乘积 $K = k_1 \cdot k_2$ 不再依赖于曲面在空间的位置. 因此, 它是一个内蕴的几何量. 特别地, 高斯曲率在曲面弯曲变换下是不变的, 只要不拉伸或压缩它. 例如, 你可以把一张纸卷成圆柱体或锥形容器, 这不会改变它的高斯曲率, 在这种情况下, 高斯曲率是 0, 并且保持为 0. 而球面具有正的高斯曲率 K, 而且曲率越大, 球面半径越小 (K 与半径的平方成反比). 由于高斯曲率是弯曲不变的, 所以从平面和球面的不同 K 值可以得出, 平面如果不拉伸就不能变成球形. 鞍形曲面具有负的高斯曲率, 因为在这种情况下, 由于与平面垂直相交的两条法截线在相反的方向上弯曲, 因此两个主曲率的符号是相反的[②].

高斯还建立了一个曲面上由短程线组成的三角形内角和与高斯曲率 K 在这个三角形区域上的积分 (曲面论的最优美定理) 之间的关系. 这里, 与非欧几里得平面有直接关系. 这个平面不是别的正是常负曲率曲面的内蕴几何学, 因此该曲面上的三角形内角之和小于 $180°$. 高斯本人可能已经看到了这种联系, 但它的真正意义只有通过黎曼的工作才变得清晰 (尽管黎曼甚至没有注意到非欧几里得几何).

2.5　关于黎曼的就职演讲

除了数学研究以外, 黎曼也沉浸在自然哲学的思考之中, 因此, 在许多方面,

---

① 莱昂哈德·欧拉 (1707—1783) 首次揭示了这一点, 见 Opera omnia, Leipzig, Berlin, Zurich, 1911-1976, 1st series, vol. XXVIII, pp. 1-22, 即除非所有的法截面都有相同的曲率, 否则, 这两条曲率取极值 (即法曲率的最大值和最小值) 的相交曲线是唯一确定的, 并且是垂直相交的.

② 有关现代的研究, 例如, 请参见 J. Eschenburg, J. Jost, *Differentialgeometrie und Minimalflächen*, Heidelberg, Berlin, 2013.

他把数学、物理和自然哲学作为一个整体来考虑[①], 这在黎曼的就职演讲论文中可见一斑, 尽管如此, 事实上这还是一件相当巧合的事. 正如今天在德国大学里仍然很常见的那样, 黎曼必须为他的演讲提交三个不同的主题, 教授们可以从中选择. 但通常选择第一个主题. 然后黎曼从他目前的数学研究中选择了前两个主题, 然后将第三个主题命名为几何基础问题. 令他吃惊的是, 在高斯的鼓动下[②], 教授们选择了最后一个主题, 并在规定的时间内准备了相应的演讲, 这使得黎曼付出了相当大的努力. 就职演讲于 1854 年 6 月 10 日举行. 高斯对黎曼的演讲印象极其深刻, 否则很难给人留下深刻的印象. 然而, 黎曼自己却无法发表这篇演讲; 这篇演讲是在 1868 年黎曼去世后, 由戴德金将它编辑并发表出来的.

---

① 在他的私人笔记中, 黎曼特别引用了哲学家约翰·弗里德里希·赫尔巴特 (Johann Friedrich Herbart, 1776—1841) 的话, 并在他的就职演讲开始时也提到了他. 同样可参看Sämtliche Werke in chronologischer Reihenfolge herausgegeben von Karl Kehrbach und Otto Flüel, 19 vols., Langensalza, 1882-1912, 再版 Aalen, Scientia Verlag, 1964, 特别是 Psychologie als Wissenschaft. 的第 2 部分, Vol. 5, 177-402, 和 Vol. 6, 1-339 (第一版, 1824/1825). 在 1809 年, 赫尔巴特作为 Königsberg 的哲学主席而成为康德的继任者, 1834 年接任了哥廷根的哲学主席. 他代表了 19 世纪德国哲学从理想主义向现实主义的转变. 他从经验主义和联想心理学的立场对康德进行了批判. 个体存在对于他来说是一个单位, 一个特征束, 它通过与其他人结合而获得不同的特征, 在每种情况下都可以代表不同的连续性. 因此, 当眼睛看到它时, 雪是白的, 当手碰到它时, 它是冷的. 这些连续性可以在空间上设想. 他特别强调空间概念的历史偶然性和条件性, 根据他刚才提出的考虑, 这对于他来说只是一个连续的例子. 讨论赫尔巴特思想与黎曼概念之间的关系的文献见 Benno Erdmann, *Die Axiome der Geometrie. Eine philosophische Untersuchung der Riemann-Helmholtzschen Raumtheorie*, Leipzig, Leopold Voss, 1877, pp. 29-33, Luciano Boi, *Le problème de l'espace mathématique*, Berlin, Heidelberg, Springer, 1995, pp. 129-136. Erhard Scholz, *Herbart's influence on Bernhard Riemann*, Historia Mathematica 9, 413-440, 1982, 另一方面, 赫尔巴特的思想对黎曼流形概念的影响最终是很小的, 即使黎曼可能以赫巴特的一些一般原则为指导, 因为每个科学领域都需要制定一个主要的概念, 或者说色调、色彩等概念不仅数量不同, 而且还受不同类型的数学规律的影响, 因此需要用数学方法来研究. 在这方面, 我们还参考了 Pulte, *Axiomatik und Empirie*, p. 375-388.

② 见 Dean's Office Archive in Laugwitz, *Riemann*. p. 218 中相应的引文.

第 3 章　黎曼的演讲

3.1　黎曼的就职演讲 (根据 "文集" 第 304—319 页转载)

论奠定几何学基础的假设 [①]

研究计划

众所周知, 几何学假定空间的概念和空间作图的基本规则都是某种给定的东西. 给它们下的定义只是名义上的, 而真正的规定则是以公理的形式出现的. 因此, 这些假定之间的关系仍然处于黑暗之中; 我们既不知道它们之间的联系是否必要以及在多大程度上是必要的, 也不能先验地知道它们之间的联系是否可能.

从欧几里得到勒让德 (最著名的现代几何改革家), 这种黑暗既没有被数学家, 也没有被关注它的哲学家们所澄清. 这一现象的原因无疑是, 一般意义上的多重延伸量 (空间量的概念就包括于其中) 的概念仍然没有创造出来. 因此, 我首先要从一般的量的概念出发, 来构造一个多重延伸量的概念. 由此可以推出, 一个多重延伸量可以有不同的度量关系, 因此空间只是一个三重延伸量的特殊情况. 因此, 必然的结果是, 几何学的命题不能从量的一般概念中推导出来, 而区别空间与其他可想象的三重延伸量的性质只能从经验中推导出来. 于是就产生了这样一个问题: 要找出可以用来确定空间度量关系的最简单的事实问题; 根据这个事情的本质, 这是一个不能完全确定的问题, 因为可能有多个简单事实系统, 它们都足以确定空间的

---

① 我们注意到黎曼的就职演讲有三种英文翻译. 第一个译本是由英国著名几何学家威廉·金登·克利福德 (William Kingdon Clifford, 1845—1879) 在《自然》杂志上发表的 (*Nature*, Vol. VIII, Nos. 183, 184, 1873, pp. 14-17, 36, 37), 并转载于罗伯特·塔克 (Robert Tucker) 编辑的 W·克利福德的《数学论文》(London, MacMillan and Co., 1882, pp. 55-71) 中, 并有一篇由 H. J. 斯蒂芬·史密斯 (H. J. Stephen Smith) 写的引言; 第二个译本由亨利·S·怀特 (Henry S. White) 为大卫·E·史密斯 (David E. Smith) 主编的《数学原著汇集》翻译的 (*A source book in mathematics*, McGraw-Hill, 1929, and Mineola, N. Y., Dover, 1959, pp. 411-425), 在这个翻译中, 黎曼论文中唯一给出常曲率度量的公式被严重弄错了; 最后, 微分几何学者迈克尔·斯皮瓦克 (Michael Spivak) 在他的《微分几何概论》(*A Comprehensive Introduction to Differential Geometry*, Vol. 2, Berkeley, Publish or Perish, 1970.) 一书中有一个最近的翻译, 并有详细的注释. 斯皮瓦克的教科书在数学图书馆里很容易找到. 对于现代读者来说, 克利福德的英语译本可能显得有些过时. 例如, 他将黎曼的术语 "Mannigfaltigkeit" 翻译作 "manifoldness", 而不是翻译成现代的简单形式 "manifold". 但是黎曼的德语听起来也有点过时, 因此, "manifoldness" 是黎曼术语更准确的翻译. 本中译本之 3.1 节黎曼就职演讲的翻译, 我们就是根据黎曼的德文原文并同时参照克利福德的英文译本翻译的 (译者注).

度量关系 —— 对我们现在的目的而言最重要的就是欧几里得所奠定的作为基础的体系. 这些事实问题 —— 就像所有事实问题一样 —— 不是必要的, 而是经验的确定性; 它们是假设. 因此, 它们的可能性我们是可以研究的, 这种可能性在观察的范围之内当然是非常大的, 并进而探讨它们超出观察范围之外的扩展是否可行, 既向无限大方向扩展, 又向无限小方向扩展来考察它们的可能性.

I. n 重延伸量的概念

在继续尝试解决这些问题中的第一个问题, 建立一个多重延伸量的概念时, 我想在这点上也许应该得到更宽容的批评, 我没有从事这种哲学性质的事业, 这里困难更多地在于观念本身而非构造上; 除了枢密顾问高斯在他的第二篇论双二次剩余的论文 (*Göttingen Gelehrte Anzeige*《哥廷根学术通报》) 中和他在五十周年纪念册中, 以及在赫尔巴特的一些哲学研究中, 对这个问题给出了一些非常简短的提示外, 我无法利用之前的任何工作.

1. 量的概念只有在一个具有先导性的一般概念时才有可能, 而这个概念又容许有不同的确定方式 (specialisations). 由于这些确定方式之间存在着一条从一个到另一个的连续的或不连续的路径, 所以它们形成了一个**连续的或离散的**流形: 这种个体的确定方式在第一种情形里叫做流形的点, 在第二种情形里叫做流形的元素. 其确定方式形成离散流形的**概念**是如此普遍, 以至于至少在有文明的语言中, 任何给定的事物总是有可能找到包含它们的概念. (因此, 数学家们可能会毫不犹豫地发现离散量理论是建立在某些给定的事物被认为是等价的假设之上的.) 另一方面, 其确定方式形成**连续流形**概念的场合是如此之少和如此之远, 以至于其确定方式形成一个多重广延流形的仅有的简单概念就是感知对象的位置和颜色. 这些概念的产生和发展往往首先出现在高等数学中.

由记号或边界来区分的流形的确定部分称为量子 (quanta). 它们在数量上的比较在离散量的情形下是通过计算来完成的, 而在连续量的情形下则是通过测量来完成的. 测量就在于待比较的量的叠加, 因此, 它需要一种方法来使用一个量作为另一个量的测量标准. 如果没有这一点, 只有当一个量是另一个量的一部分时才能比较两个量; 在这种情况下, 我们也只能决定或多或少, 而不能确定是多少. 在这种情况下, 可以对它们进行的研究就构成了量科学的一个一般的分支. 在这个分支里, 量不是作为独立于位置而存在的, 也不是可以用一个单位来表示的, 而是作为一个流形中的区域来表示的. 这样的研究已经成为许多数学领域的必由之路, 例如, 处理多值解析函数; 而它们的缺乏, 无疑是著名的 Abel 定理和 Lagrange、Pfaff、Jacobi 等在微分方程一般理论中的成就长期未能取得丰硕成果的主要原因. 在这个延伸量科学的一般部分中, 除了概念所包含的内容之外, 其中没有任何假定. 就目前的目的而言, 突出两点就足够了; 第一个概念涉及一个多重延伸流形的概念的建构, 第二个概念涉及将一个给定的流形中的位置确定归结为数量的确定, 并由此明确一个 n 重延伸量的本质特征.

2. 如果在一个概念中, 其确定方式形成一个连续的流形, 人们从一个特定的确定方式以明确的形式过渡到另一个, 这个确定方式经过这个过渡就形成一个单重延伸流形, 它真正的本质性质是其中从一个点出发的连续运动可能的方向只有两个, 即向前或向后. 如果我们现在假定这种流形反过来又过渡到另一种完全不同的流形, 而且是以一种特定的方式过渡的, 也就是说, 每一点过渡到另一个特定的点, 那么, 由此得到的所有确定方式便构成了一个二重延伸流形. 同样地, 如果我们想象一个双重延伸流形以一种确定的方式过渡到另一个完全不同的流形, 就会得到一个三重延伸流形; 很容易看出这种构造是可以继续下去的. 如果我们认为是对象的可变性, 而不是它的概念的可确定性, 那么这种结构就可以被描述为一个 n 个维度的可变性和一个 1 个维度的可变性就组合成了一个 $n+1$ 个维度的可变性.

3. 现在我将要来展示, 我们如何反过来解决将一个区域给定的可变性分解为一个一维的可变性和一个维度更小的可变性. 为此目的, 让我们假设一维流形的一个可变部分 —— 从一个固定的原点算起, 它的值可以彼此比较 —— 它在给定的流形的每一点上都有一个确定的值, 并且随着点的不断变化; 或者, 换句话说, 让我们在给定的流形内取一个位置的连续函数, 而且, 它在该流形的任何部分都不是恒定的. 每一个函数值为常数的点构成一个连续的流形, 其维数小于给定流形的维数. 随着函数的变化, 这些流形不断地相互传递, 因此, 我们可以假定, 从其中一个点出发, 另一个点也会继续前进. 一般说来, 这可能是以这样一种方式发生的, 即每一个点都会转移到另一个确定的点上; 例外情况 (这方面的研究很重要) 在这里可能不加以考虑. 因此, 在给定的流形中位置的确定可归结为数量的确定和较小维数的流形中位置的确定. 现在很容易证明当给定的流形为 n 重延伸量时, 这个流形具有 $n-1$ 维. 通过重复这个操作 n 次, n 重延伸流形中位置的确定被归结为 n 个数量的确定, 因此, **如果这是可能的**, 给定流形中位置的确定就归结为有限个数量的确定. 但是存在这样的流形, 其中位置的确定需要的不是有限个数, 而是需要无穷无尽的数或者是连续的量确定的流形. 例如, 一个给定区域上所有可能的函数确定的流形, 一个立体图形的所有可能形状构成的流形, 等等.

II. n 维流形的度量关系, 其前提是假定线的长度与位置无关, 因此每条线都可以由另一条线来度量

在建立了 n 维流形的概念, 并发现它本质的特点在于流形中位置的确定被归结为 n 个数量的确定, 现在我们来讨论上面提出的第二个问题. 也就是, 研究这种流形所具有的度量关系, 以及足以确定它们的条件. 这些度量关系只能在量的抽象概念中研究, 以及只能由公式表示彼此之间的依赖关系. 然而, 在某些假设条件下,

它们可以分解成单独表示的关系, 这些关系可以用几何表示; 从而使计算结果可以用几何形式表示出来. 就这样, 得到一个坚实的基础, 的确, 我们不能在公式中回避抽象的考虑, 但至少随后的计算结果可以用几何的形式呈现. 这个问题两方面的基础都在高斯著名的论文 *Disquisitiones generales circa superficies curvas* 中得到了确立.

1. 度量规定 (measure-determinations) 要求数量应与位置无关, 这可以以多种方式出现. 首先提出并将在此发展的假设是, 直线的长度与它们的位置无关, 因此每条线都可以通过其他的线来度量. 位置确定被归结为数量的确定, 从而 n 维流形中一个点的位置就可以用 n 个变量 $x_1, x_2, x_3, \cdots, x_n$ 来表示, 直线的确定就是把这些量作为一个变量的函数给出. 问题在于建立一条线的长度的数学表达式, 为此我们必须考虑可以用某些单位表示的量 x. 我将只在一定的条件下处理这个问题, 我将首先把自己限制在各变量的增量 dx 的比值连续变化的直线上. 然后我们可以把这些线分解成元素, 在这些元素中, dx 的量的比值可以看作是常数; 然后这个问题被归结为: 为每个点建立一个从该点开始的线元素 ds 的一般表达式, 这个表达式将包含量 x 和量 dx. 其次我假设当线元素所有的点进行相同的微小位移时, 并考虑直到第一阶量时, 线元素的长度是不变的, 而这同时就意味着, 如果所有的量 dx 以相同的比例增加, 线元素也会以相同的比例变化. 在这些假设下, 线元素可以是 dx 的一阶齐次函数, 当我们改变所有 dx 的符号时, 它是不变的, 其中任意常数是 x 的连续函数. 为了找到最简单的情况, 我将首先寻找 $n-1$ 维流形的表达式, 它处处与线元素的原点等距; 也就是说, 我将寻求一个位置的连续函数, 其值将它们彼此区别开来. 在从原点出发向外各个方向的值要么增加要么减少; 我假设它在所有方向上都增加, 因此在那个点上有一个最小值. 那么, 如果该函数的一阶和二阶微分系数是有限的, 则该函数的一阶微分必须消失, 二阶微分不能为负; 我假设它总是正的. 那么, 当 ds 保持不变时这个二阶的微分表达式也保持不变, 因此当 dx(也包含 ds) 以相同的比例增加时, 该二重比也会增加; 它必须是 ds^2 乘以一个常数, 因此 ds 是量 dx 的一个恒正的二阶齐次整函数的平方根, 其中系数是量 x 的连续函数. 对于空间, 当点的位置用直角坐标表示时, $ds = \sqrt{\sum (dx)^2}$; 空间就包含在这种最简单的情形中. 下一种简单的情况包括线元素可以表示为四次微分表达式的四次根的流形. 研究这类更一般的问题并不需要真正不同的原则, 但需要相当多的时间, 而且对空间理论也没有多少新的解释, 特别是因为结果不能用几何来表示; 因此, 我将自己限制在那些线元素可以表示为二次微分表达式的平方根的流形中. 如果我们把 n 个自变量的函数替换成 n 个新的自变量的函数, 这样的表达式就可以转化成另一个类似的表达式. 然而, 用这种方法, 我们不能把任何表达式转换成其他表达式; 因为表达式包含 $\frac{1}{2}n(n+1)$ 个系数为自变量的任意函数; 现在通过引入新的变量我们只能满足 n 个条件, 因此只能做到使 n 个系数等于给定的量. 剩下的 $\frac{1}{2}n(n-1)$ 个则完全要由所表示的流形的性质决定, 因此确定其度量关系就需要 $\frac{1}{2}n(n-1)$ 个位置函数. 因此, 像在平面和空间中一样, 线元素可以简化为 $\sqrt{\sum(dx)^2}$ 形式的流形, 只是这里要研究的流形的一个特例; 它们需要一个特殊的名字, 因此在这些流形中, 线元素的平方可以表示为全微分的平方和, 称之为**平坦的**. 现在, 为了回顾所有可以用假定形式表示的连续体的真正变化, 有必要摆脱表示方式所产生的困难, 表示方式是根据某种原则选择变量来实现的.

2. 为此目的, 让我们设想从任意给定的点出发, 构造一个从该点出发的最短线 (短程线或测地线) 系统 (the system of shortest lines), 那么, 任意点的位置可以由其所在测地线的初始方向和从原点出发沿该线测量所得的距离来确定. 因此, 它可以用这条测地线中的诸量 dx 的比值 dx_0 以及这条线的长度 s 来表示. 现在我们来引进 dx 的线性函数而不是 dx_0 的线性函数, 使得线元素的平方的初始值等于这些表达式的平方的和, 这样一来, 独立变量就是这条线的长度 s 和诸量 dx 的比值. 最后, 再用与它们成正比的诸量 $x_1, x_2, x_3, \cdots, x_n$ 代替 dx, 但是使得它们的平方和 $= s^2$. 当我们引入这些量时, 对于 x 的无穷小值, 线元素的平方是 $\sum dx^2$, 但是它的下一阶次的项等于 $\frac{1}{2}n(n-1)$ 个量 $(x_1 dx_2 - x_2 dx_1), (x_1 dx_3 - x_3 dx_1), \cdots$ 的二阶齐次函数, 因此, 是一个四阶无穷小量, 所以当我们把它除以一个其顶点的变量值分别为 $(0,0,0,\cdots), (x_1, x_2, x_3, \cdots), (dx_1, dx_2, dx_3, \cdots)$ 无穷小三角形 (的面积) 的平方时, 我们就会得到一个有限量. 只要 x 和 dx 包含在相同的二元线性形式中, 或者只要从 0 到 x 和从 0 到 dx 的两条测地线保持在同一个面积元素上, 这个量就保持着相同的值, 因此, 它只取决于位置和方向. 当所表示的流形是平坦的时候, 即当线元素的平方可化简为 $\sum dx^2$ 时它显然为零, 因而可视为在给定曲面上给定点处的流形与平坦度偏差的度量. 乘以 $-\frac{3}{4}$ 就等于枢密顾问高斯所说的曲面的总曲率那个量. 对于能够以假设形式表示的流形的测量关系的确定, 我们发现那 $\frac{1}{2}n(n-1)$ 个位置函数是必要的; 因此, 如果在每一点上曲率沿 $\frac{1}{2}n(n-1)$ 个曲面方向都已给定, 流形的测量关系就可以由它们确定 —— 只要这些值之间不存在恒等关系, 而事实上, 一般来说这种情况不会有. 用这种方法, 线元素为二次微分式的平方根的流形的测量关系, 就可以用与自变量的选择完全无关的方式来表示. 一种完全类似的方法也可以应用于线元素具有不那么简单的表达式来表示的流形, 例如, 四次微分式的四次方根. 一般来说, 在这种情况下, 线元素就不能再简化为一个平方和的平方根的形式, 因此在前述的平方线元素与平坦度的偏差是一个二阶的无穷小, 而在那些流形中这个偏差是一个四阶的无穷小. 因此, 最后命名的流形的这种性质可以称为最小部分的平坦性. 就我们目前的目的而言 (仅就这里研究的目的), 这些流形最重要的性质, 就是它们的二重延伸流形的关系在几何上可以用曲面来表示, 而多重延伸流形的关系可以简化为包含在多重关系中的那些曲面的关系; 这需要进一步简短的讨论.

3. 在曲面的概念中, 除了要考虑曲面上曲线长度的内在度量关系, 我们还总是要把位于曲面之外的点的位置 (相对于外围空间) 一起加以考虑. 然而, 如果我们考虑这样的变形, 即不改变线的长度, 我们就可以从外部关系中抽象出来, 即如果我们认为曲面在没有拉伸的情况下以任何方式弯曲, 并将所有彼此相关的曲面视为等价的. 因此, 例如, 任何圆柱面或圆锥面都可以被看作是等价于一个平面, 因为它可以由一个平面通过简单的弯曲而构成, 在这个过程中, 内在的度量关系仍然保持, 并且关于平面的所有定理 —— 因此整个平面几何的定理 —— 都保持着它们的有效性. 另一方面, 它们与球体有着本质的不同, 因为球体不拉伸就不能变成平面. 根据我们以前的研究, 线元素可以表示为一个二次微分式的平方根的二重延伸量的内在度量关系, 即曲面的情形, 其特征是由总曲率来刻画的. 现在这个量在曲面的情况下可以得到一个直观的解释, 即它是曲面的两个曲率的乘积, 或者乘以一个小测地线三角形的面积, 它等于球面上相同的余量. 第一个定义假设了两个曲率半径的乘积不受弯曲变换的影响; 第二个定义假设了在同一个地方, 一个小测地三角形的面积与它的球面盈余量成正比. 为了使得在一给定点以及通过该点的曲面方向上 n- 重延伸流形的曲率具有可理解的意义, 我们必须从这样一个事实出发: 当给定一个点的初始方向时, 从该点出发的测地线是完全确定的. 根据这一点, 如果我们从给定的点并依赖于给定的初始曲面方向延长所有的测地线, 我们得到一个确定的曲面; 这个曲面在给定的点上有一个确定的曲率, 也就是 n- 重延伸流形在给定点沿着该给定曲面方向的曲率.

4. 在我们将平面流形应用于空间之前, 有必要对一般平坦流形进行一些考虑, 即其中线元素的平方可以表示为全微分的平方和.

在一个平坦的 n-重延伸流形中, 总曲率在任意点及任意方向都为零; 然而 (根据前面的研究), 对于确定的度量关系, 知道在每一点处的 $\frac{1}{2}n(n-1)$ 个相互独立的曲面方向上曲率都为零就足够了. 曲率始终为零的流形可以看作曲率为常数的流形的特殊情况. 这些曲率为常数的流形的共同特征也可以这样表示, 即图形可以在其中不拉伸地移动. 因为很明显, 如果每个点的曲率在所有方向上都不相同, 那么图形就不能任意地移动和旋转. 然而, 另一方面, 流形的度量关系完全由曲率决定, 因此, 在各个方向上, 它们在一点上和在另一点上是完全相同的, 所以可以由它们构成同样的结构: 所以在具有常曲率流形的图形中, 它们可以有任意给定的位置. 这些流形的度量关系只取决于曲率的值, 关于解析表达式, 可以指出, 如果这个值是用 α 表示, 那么线元素的表达式可以写成

$$\frac{1}{1+\frac{\alpha}{4}\sum x^2}\sqrt{\sum dx^2}.$$

5. 对于常曲率曲面理论可用作几何的说明. 很容易看出, 曲率为正的曲面总是可以卷到一个曲面上去, 该球面的半径为 1 除以曲率的平方根; 但是为了考察这些曲面的整体流形, 让其中一个具有球面的形式, 其余的是在赤道处与之相切的旋转曲面的形式. 曲率大于该球面的曲面将在内部相切于该球面, 并形成类似于圆环表面的外部部分 (离开轴线) 的形状; 它们可以卷到半径较小的球带上去, 但会绕不止一圈. 正曲率较小的曲面是从半径较大的球面中得到的, 方法是通过将两个大半圆所围成的月面切掉, 并将剖线粘接在一起. 曲率为零的曲面为立于赤道上的圆柱体; 具有负曲率的曲面将在外部相切于圆柱体, 并像圆环表面的内部部分 (朝向轴线) 一样的形状. 如果我们把这些曲面看作是曲面片在其中运动的场所, 就像空间是物体运动的场所一样, 曲面片可以在所有这些曲面上运动而不需要拉伸. 具有正曲率的曲面总是可以这样形成的, 使得曲面片也可以在其上任意移动而不**弯曲**, 即 (它们可以形成) 成球面曲面; 但负曲率的曲面则不然. 除曲面片与位置的这种无关性以外, 在零曲率曲面中还存在着**方向**与位置的无关性, 而这在其他的曲面中是不存在的.

III. 空间的应用

1. 通过对这些 n- 重延伸流形度量关系的确定的研究, 如果我们假设线长与位置无关并且线元素可表示为二次微分式的平方根, 也就是说, 在极小部分是平坦的, 现在我们可以用来确定空间度量性质所必须满足的充分必要条件.

首先, 它们可以这样表示: 在任意点处的三个曲面方向上的曲率为零. 因此, 如果三角形的角之和总是等于两个直角, 那么空间的度规性质就确定了.

其次, 如果我们像欧几里得那样, 不仅假设直线的存在与位置无关, 而且假设物体的存在也与位置无关, 那么就可得出曲率处处是常数; 并且如果一个三角形的内角和确定了, 那么所有三角形的内角和都确定的.

最后, 我们可以不把线的长度看成与位置和方向无关, 而是假定它们的长度和方向与位置无关. 根据这一概念, 位置的变化或差异是复杂的, 可以用三个独立的单位来表示.

2. 在前面的研究中, 我们首先把延伸关系或分割关系与度量关系区别开来, 并且发现在相同广延性关系下可以设想具有不同的度量关系; 然后, 我们研究一个简

单的度量规定系统, 通过这个系统, 空间的度量关系可以完全确定下来, 而且所有关于它们的命题都是一个必然的结果; 这些假设如何、在多大程度上以及在多大范围上得到经验的证实, 仍有待讨论. 在这方面, 存在着纯粹的延伸关系与度量关系的实质性区别. 到目前为止, 就前者而言, 当可能的情况构成一种离散的流形时, 对经验的陈述确实不是十分确定的, 但仍然不是不准确的; 而在后者中, 当可能的情况构成一种连续的流形时, 从经验中得出的每一个判断总是不准确的: 尽管它接近准确的可能性是如此之大. 这种考虑在将这些经验决定推广到无限大和无限小的范围之外时变得很重要; 因为后者显然在观察范围之外会变得更加不准确, 但前者不会.

在空间的构造推广到无穷大时, 我们必须区别**无界性**与**无限性**这两个概念, 前者属于延伸关系, 后者属于度量关系. 空间是无界的三重延伸流形, 这是一种假设, 它是由外部世界的每一个概念发展而来的; 根据这个概念, 真实知觉的范围每时每刻都在完成, 所寻求的对象的可能的位置也在建立起来, 通过这些应用, 这个概念便不断地得到证实. 空间的无界性具有比任何外在经验更大的经验确定性. 但它的无限性决不是由此而来的; 另一方面, 如果我们假设物体与位置无关, 因此, 把它归结为空间常曲率, 只要这个曲率是如此小的一个正值, 那么它就必定是有限的. 如果我们将所有的测地线从一个给定的面元素开始延长, 我们将得到一个常曲率的无界曲面, 也就是说, 在一个三维平坦的流形中, 曲面将取球面的形状, 因而是有限的.

3. 关于无穷大的问题对于解释自然来说是无效的问题. 但对于无穷小问题来说就不是这样了. 我们对现象的因果关系的认识本质上依赖于我们把现象研究到无限小的精确程度. 近几个世纪力学知识的进步几乎完全依赖于构造的精确性, 而构造的精确性是通过微积分的发明以及阿基米德、伽利略和牛顿发现并为现代物理学所用的简单原理而使之成为可能的. 但是, 在自然科学中, 我们仍然缺乏简单的原理来进行这样的建构, 试图在显微镜允许的范围内, 通过对现象进行细致入微的观察来发现因果关系. 因此, 关于无穷小空间的度量关系问题并不是多余的.

如果我们假设物体独立于位置而存在, 那么曲率处处都是一个常数, 从天文测量结果来看曲率不可能异于零; 或者说无论如何, 它的倒数一定是这样大的一个面积的值, 与之相比我们的望远镜所能达到的观测范围可以忽略不计. 但是, 如果不存在物体与位置的这种独立性, 我们就不能从无穷小物体与大物体之间的度量关系中得出结论; 在这种情况下, 每个点的曲率可能在三个方向上可以取任意值, 前提是空间中每个可测量部分的总曲率不明显地异于零. 如果我们不再假设线元素可以表示为二次微分式的平方根, 那么可能会存在更复杂的关系. 现在看来, 作为决定空间度量关系基础所依据的经验概念, 即刚体和光线的概念, 对于无穷小范围不再有效了. 因此, 我们完全可以自由地假定无穷小空间的度量关系不符合几何学的假设. 事实上, 如果我们能得到对现象更简单的解释, 我们就应该假设它.

无穷小范围内几何假设的有效性问题与空间度量关系的基础问题密切相关. 在这最后一个问题中, 我们仍然可以把它看作是属于空间原则的问题, 这就是上面评论所说的那句话的应用; 在离散的流形中, 它的度量关系的根据在于它的概念, 而在连续的流形中, 这个根据必须来自外面. 因此, 要么作为空间基础的现实必须形成一个离散的流形, 要么我们必须在空间之外, 在作用于空间的约束力中, 寻找它的度量关系的根据.

这些问题的答案只能从迄今为止被经验证明是正确的并且牛顿为之奠定了基础的现象的概念出发, 通过在这个概念中对它无法解释的事实所要求的连续的变化来得到. 只有如我们前面所做的研究那样, 从一般概念出发进行研究, 才能有助于防止这项工作受到太狭隘的观点的阻碍, 并且在不受传统偏见的束缚下在认识事物相互依存方面取得进展.

这就把我们引向了另一门科学, 即物理学的领域, 由于今天这项工作的目标不允许我们深入下去了.

概　　览

研究计划

一、n 重延伸量的概念

§1. 连续流形和离散流形. 流形中明确的部分称为量子. 将连续量的理论分为两部分:

(1) 关于区域关系的理论, 其中未假定量与位置无关;

(2) 关于度量关系的理论, 其中必须假定量与位置无关.

§2. 单重、二重、n 重延伸量概念的构造.

§3. 在给定的流形内将位置确定归结为数量确定. n 重延伸流形的本质特征.

二、n 维流形的度量关系, 其前提是假定线的长度与位置无关, 因此每条线都可以由另一条线来度量

§1. 线元素的表达式. 流形称为是平坦的, 如果其中线元素可表示为一全微分平方和的平方根.

§2. 线元可以表示为二次微分式的平方根的 n 维流形的研究. 在某一给定点上沿着一给定曲面方向上偏离平坦度的量度 (曲率). 为了确定它的度量关系的必要且充分的条件是, 曲率可以在任意点的任意 $\frac{1}{2}n(n-1)$ 个曲面方向上给定.

§3. 几何解释.

§4. 平坦流形 (其中曲率处处为 0) 可以作为常曲率流形的一种特殊情况来处

理. 这些流形也可以这样来定义, 即在其中 n 重延伸流形与位置无关的 (无拉伸运动的可能性).

§5. 常曲率曲面.

三、空间的应用

§1. 几何学中假定的一套足以确定空间度量关系的事实体系.

§2. 在超出无穷大的观察范围时, 这些经验规定的有效性能走多远呢?

§3. 在走向无穷小时又能走多远呢? 这个问题与自然解释的联系.

3.2　赫尔曼·外尔的数学评论
(根据伯恩哈德·黎曼文集第 740—768 页)

3.2.1　《论奠定几何学基础的假设》单行本序言①

黎曼的就职演讲《论奠定几何学基础的假设》是他为了取得教师任职资格, 在 1854 年 7 月 10 日在哥廷根大学哲学系全体教工前所做的演讲. 在他去世后才首次发表在哥廷根科学协会论文集第 13 卷上. 继罗巴切夫斯基和波约尔之后, 黎曼在这篇演讲中并没有在原则上越过欧几里得, 倒反而是紧紧的以欧几里得的《原本》为榜样, 发展出一种逻辑上前后一致的几何学, 它不是以采纳, 而是以否决平行公理的假设为基础, 从一种全新的、真正普适的观点出发来研究空间问题. 对几何学来说, 就此迈出了与 Faraday 和 Maxwell 在物理学中, 特别是在电学中, 通过从超距作用过渡到近距作用所迈出的相同的一步: 这就是成功地实现了从世界的无限小的部分来认识世界的原理. 最近黎曼在解析函数理论领域所完成的巨著, 以及还有在物理方面的思考都是源于同一认识论的动机. 这样在黎曼毕生所从事的各个不同领域内研究工作上所直接表现出来的统一性都是以此为基础的.

但是, 这个伟大的数学家在这篇新发表的演讲中所展开的思想不仅对几何学有深远的意义, 而且它在今天还具有特别的现实意义, 因为它为广义相对论奠定了其概念基础; 它的创始人爱因斯坦也是这样少有地直接和有意识地接受到黎曼的影响. 诚然, 在其最后一段超出数学之外的阐述极其惊人地清楚表明 —— 人们常常试图直接把这说成是它预言了 —— 黎曼空间学说的物理后果在方向上和爱因斯坦的引力理论所指出的是一样的. 毕竟黎曼并不知道与引力之间的这种关系这一点是肯定的; 因为他本人的研究是要去确立 "光、电、磁与引力之间的相互关系" 的基础, 这一研究正好在时间上与就职演讲重合, 实际上与这也没有任何联系. (参见

---

① 中译本参见: 赫尔曼·外尔的《论奠定几何学基础的假设》单行本序言//《黎曼全集》(第一卷). 李培廉译. 北京: 高等教育出版社, 2016: 361-362(本小节译文选自该全集, 译者注).

黎曼数学著作全集附录中哲学内容断篇 (第二版, Leipzig, 1892, 526—538 页)——在申请任职资格期间, 黎曼给他的弟弟这样写道: "因此我再次研究了物理学的基本定理之间的关系并如此深陷其中, 以致我再也不能摆脱, 因为我这时正在准备就职演讲的问题." 这两件那时在他头脑中互相干扰的事情, 现在却紧密地互相成长到一起了.)

自从由戴德金和韦伯所操持的黎曼全集出版之后, 他那具有深刻思想的申请就职资格的演讲已能广泛得到. 尽管如此, 我还是高兴的答应了出版社的提议出一本它的单行本; 因为在我看来, 考虑到这个文本还是一件令人赞叹不已的大师手笔, 让尽可能多的人拥有, 实际上是会受到欢迎的; 今天所有那些对相对论感兴趣的人肯定都会去阅读它. 我补充了一个附注, 在其中, ① 详细叙述了黎曼只点到的解析计算; ② 指出了后续一些关于这一论题的最重要的文献; ③ 架设了通向在相对论名义下正在进行中的现代发展的桥梁. 为了读起来方便起见, 对注释我们选择了和对正文所选取的同样大的印刷字体; 为此我请求不要把这看成是编者的僭越. 对那些只想了解那些重大原理而不想仔细研究这个问题的人, 我们迫切地建议, 别被那些充满了公式的叙述干扰了对讲义的享受. 随讲演一道给出的内容概览及脚注均源自黎曼本人.

把文本代入当前这种形式, 正如它已经大量出版, 今后也还会这样, 都会起着对这一概念的促进作用.

Zürich, 1919 年 5 月

H.Weyl

3.2.2　《论奠定几何学基础的假设》单行本注释①

1. (对第 I 部分) 新近以来试图通过精确的公理来确定, 一般来说应该赋予一**连续流形**以何种性质才能使这一概念为数学分析提供坚实的基础. 参见 Weyl, Die Idee der Riemannschen Fläche(黎曼面的概念), Leipzig, 1913, 第 I 章, §4; 同一作者, Das Kontinuum(论连续体), Leipzig, 1918, 第 II 章, §8; Hausdorff, Grundzüge der Mengenlehre(集合论基础), Leipzig,1914, 第 VII 章和第 VIII 章; 对于发生学的构作来说, 连续体通过不断地分割不再是由一些单个分立的原子式的单元组成的系统: Brouwer, Math. Ann. Bd. 71, 1912, S. 97; Weyl, Über die neue Grundlagenkrise der Mathematik(论新的数学基础危机), Mathem. Zeitschr. Bd. 10, S. 77. 这时作为 n 维流形的特征, 人们最简单的是要求它 (或要求在它的充分小的一块上) 能够连续地、可逆 - 单值地映射到 n 个坐标值系统 x_i(流形内的位置的连续函数) 上. 只有流形联系上这样一种坐标系, 那么与流形相联系着的一切量才有可能通过给定数

---

① 中译本参见: 赫尔曼·外尔的《论奠定几何学基础的假设》单行本注释//《黎曼全集》(第一卷). 李培廉译. 北京: 高等教育出版社, 2016: 363-379(本小节译文选自该全集, 译者注).

来表征. 坐标系的任意性是通过建立一种 "不变量理论的" 计算而拥有的, 更确切地讲, 由此得到的不变性是对所考虑的变换为可逆-单值的、连续变换来说的. 首先必须证明**维数**本身就是这样一种不变量, 因为否则维数的概念也就悬空了. 这个证明是由 Brouwer 给出的 (Math. Ann. Bd. 70, 1911, S. 161-165; 还可参见 Math. Ann. Bd. 72, 1912, S. 55-56). 对于黎曼在度量确定上的进一步的研究来说自然预先假设了有流形内部的本性会给出这样一种坐标系的概念, 在任意两坐标之间通过函数互相联系, 而且这些函数不仅是连续的, 而且还是连续可分的, 这两组坐标系的坐标微分之间可以引入可逆-单值的线性关系; 要不然就根本不能谈线元素了. 在这种情况下维数的不变性就是自明的; 坐标变换的函数行列式不等于零 ($\neq 0$).

一种类似于黎曼的、对维数的递推性的解释, 已由 H. Poincaré 提出来了 (Revue de métaphysique et de morale(形而上学评论与道德评论), 1912, S. 486,487), 他紧扣直观, 把坐标数目当作维数的 "算术性的" 定义; Brouwer 研究了这种 (以适当方式精确化后的)"自然的" 维数概念与算术的维数概念之间的关系 (Journal f.d. reine u. angew. Mathematik, Bd. 142, S. 146—152).

2. (对第 II 部分, 第 1 节)将 ds^2 设定为二次微分形式的假设显然源自认为毕达哥拉斯定理在无限小的情况下仍成立. 就是这个假设, 它不仅是可能类型中最简单的, 而且也是在所有其他类型中以极为特别的方式所挑选出的. 遵循黎曼我们从可测线元的假设开始, 即流形以下述方式获得在点 P 处的度量: 给每一点在 P 处的线元 (其分量为 dx_i) 配给一个测量值

$$ds = f_P(dx_1, dx_2, \cdots, dx_n). \tag{1}$$

假设 f_P 是一个一阶齐次函数, 就是说将所有变元 dx_i 乘以一个共同的实的比例因子 ρ 之后, 函数 f_P 将乘以 $|\rho|$. 自然还要进一步假设, 在流形的不同点并不会相对于在其上所确立的度量而有所不同; 这可以这样来解析地表述, 即那些对应于不同点 P 上的函数 f_P 统统可以通过变量的线性变化得出. 当在任一点处的 f_P^2 都具有正定形式

$$f = \sqrt{(dx_1)^2 + (dx_2)^2 + \cdots + (dx_n)^2} \tag{2}$$

时就是这种情况; 但是如果 f_P 是一个四阶形式的四次方根, 具有随位置改变的系数时, 一般来说就不是这样. 因此也许用下述形式来表述空间问题就会更好些: 我把所有那些由一个函数 f, 通过变量的线性变换得出的函数算作一类 (f). 每一个这种一阶齐次函数类 (f) 就对应于一种特殊的几何: 在 (f) 类的度量空间中, 在每一点 P 处按 (1) 式来确定线元素度量值的函数 f_P 就属于函数类 (f). 这个规定与坐标 x_i 选择无关. 在这些空间类型中对应于函数 (2) 的 Pythagoras-Riemann 空间是一个独一无二的特殊类. 我们要问, 他的这个优越的地位是建立在什么样的内在性质的基础之上的.

亥姆亥兹和李 (Helmholtz, Über die Tatsachen,welche der Geometrie zugrunde liegen(《奠定几何基础的事实》), Nachr. d. Ges. d. Wissensch. zu Göttingen. 1868, S. 193-221; Lie, Über die Grundlagen der Geometrie(《论几何学之基础》), Verh. d. Sächs. Ges. d. Wissensch. zu Leipzig, Bd. 42, 1890, S. 284—321) 的研究给出了这个问题第一个令人满意的回答. 一个 n 维流形具有无穷小的可移动性, 这个意思是说, 在其中包含了 O 点的一块无穷小的体元可以做这样一种自由转动, 在这种转动下度量在一阶下保持不变, 并且通过这种转动能够将在 O 点一线元带到任意方向, 将通过同一点的面元带到包含此线元方向的另一面元方向, 如此等等, 直至 $n-1$ 维的体积元; 但是如果在 O 点与这样一个系统相关的从 1 直至 $n-1$ 维的方向元都确定了, 那么物体就不再能绕 O 转动. 这些转动将构成一个确定的微分 dx_i 齐次线性变换群. 现在我们知道, 这个群必定由所有那些把正定的形式 ds^2 变换成仍为正定的形式的线性变换组成. 因此, 对无穷小可移动性有以下要求: ①导致在同一处测得的线元可以互相比较这一事实的结果; ② 所测得的数值满足 Pythagoras 定理.

新近由相对论所产生而引起的对空间问题一个完全不同的见解是由外尔 (Weyl) 提出的. 关于这方面内容请参阅报告: "Das Raumproblem(《空间问题》)", Jahresbericht der Dtsch. Math.-Vereinig.《德国数学家协会年鉴》, 1923, 还有: Mathem. Zeitsch.《数学杂志》, Bd. 12(1922), S. 114, 以及不久将由 Julius Springer(Berlin) 出版的 "Mathematische Analyse des Raumproblems"(《空间问题的数学分析》).

对在每一点具有一个按方程 (1) 意义下的任意度量的空间中的几何研究, 新近由芬斯勒提出来了 (Über Kurven und Flächen in allgemeinen Räumen(《一般空间中的曲线与曲面》), Göttingen Dissertation, 1918).

3. (对第 II 部分, 第 2 节) 如果线元素具有以下形式

$$ds^2 = g_{ik}dx_idx_k \quad (g_{ik} = g_{ki}), \tag{3}$$

那么经典变分法就给出了, 作为一条连接流形中两个给定点 A 和 B 的曲线 $x_i = x_i(s)$ 与所有和它充分靠近的, 也是从 A 连到 B 的曲线相比具有最短的, 或者具有稳定的长度的条件是下述方程 (一阶变分为零)

$$\frac{d}{ds}\left(g_{ij}\frac{dx_j}{ds}\right) = \frac{1}{2}\frac{\partial g_{\alpha\beta}}{\partial x_i}\frac{dx_\alpha}{ds}\frac{dx_\beta}{ds}. \tag{4}$$

这里假设了我们取曲线从某一初始点起算的弧长, 或者还可以取与它成正比的量, 作参数 s; 因此, 沿该曲线就有 (顺便提一下, 这可由 (4) 推得)

$$g_{ik}\frac{dx_i}{ds}\frac{dx_k}{ds} \text{为常量}. \tag{5}$$

(4) 式的左式等于

$$\frac{\partial g_{i\alpha}}{\partial x_\beta}\frac{dx_\alpha}{ds}\frac{dx_\beta}{ds} + g_{ij}\frac{d^2x_j}{ds^2}.$$

将其中第一项移到等式的右边, 并且为简短起见引入 "克里斯托弗三指标符号", 即下述量:

$$\frac{1}{2}\left(\frac{\partial g_{i\alpha}}{\partial x_\beta} + \frac{\partial g_{i\beta}}{\partial x_\alpha} - \frac{\partial g_{\alpha\beta}}{\partial x_i}\right) = \Gamma_{i,\alpha\beta}$$

以及 $\Gamma_{\alpha\beta}^i$, 它由 $\Gamma_{i,\alpha\beta}$ 用下述方程唯一地得出

$$\Gamma_{i,\alpha\beta} = g_{ij}\Gamma_{\alpha\beta}^j.$$

这样一来就得出了对 "测地线" 的下述特征方程:

$$\frac{d^2x_i}{ds^2} + \Gamma_{\alpha\beta}^i\frac{dx_\alpha}{ds}\frac{dx_\beta}{ds} = 0. \tag{6}$$

黎曼对任意点 O 引入一个 "中心坐标"(Zentralkoordinaten), 他把它记为 x_1, $x_2,\cdots,x_n$, 可以如下分析地得出. 首先设 z_i 为一任意在 O 点为零的坐标. 因为每一个正定的二次形式都可以通过线性变换化为单元形式 (Einheitsform), 其系数为

$$\delta_{ik} = \begin{cases} 1, & i = k, \\ 0, & i \neq k, \end{cases}$$

所以可以事先假设线元 (3) 的系数 g_{ik} 在 O 点取值为 δ_{ik}, 从而在该处有 $ds^2 = \sum dz_i^2$. 一条以 O 为起点 (对 $s = 0$ 有 $z_i = 0$) 的、满足方程 (6) 的测地线由其导数的初始值

$$\left(\frac{dz_i}{ds}\right)_0 = \xi^i$$

唯一地确定; 它的参数表达式为

$$z_i = \psi_i(s;\xi^1,\xi^2,\cdots,\xi^n).$$

我们立即认识到函数 ψ_i 只依赖于 $s\xi^1, s\xi^2, \cdots, s\xi^n$ 的积

$$z_i = \varphi_i(s\xi^1, s\xi^2, \cdots, s\xi^n).$$

于是, 中心坐标 x_i 就由原来的坐标 z_i 通过变换

$$z_i = \varphi_i(x_1, x_2, \cdots, x_n)$$

来得到.

它们的特点是, 对它们应用 s 的函数

$$x_i = \xi^i s, \tag{7}$$

其中 ξ^i 为任意常数, 就可以满足方程 (5) 和 (6). 对于它在 O 点也有 $ds^2 = \sum dx_i^2$. 因此, 如果我们对常数 ξ^i 一劳永逸地加上条件 $\sum (\xi^i)^2 = 1$, 通过置换 (7) 就有

$$g_{ik}\xi^i\xi^k$$

与 s 无关, 就好像是代入数值 $s = 0$ 得出的一样; 此外还有

$$\Gamma^i_{\alpha\beta}\xi^\alpha\xi^\beta = 0. \tag{8}$$

从而对 x 恒有下述不等式成立

$$g_{ik}x_i x_k = x_i^2, \tag{9}$$

$$\Gamma^i_{\alpha\beta}x_\alpha x_\beta = 0, \tag{8'}$$

我们首先来从它们导出一些推论.

我们可以将方程 (8') 写成

$$\Gamma_{i,\alpha\beta}x_\alpha x_\beta = 0$$

或

$$\left(\frac{\partial g_{i\beta}}{\partial x_\alpha} - \frac{1}{2}\frac{\partial g_{\alpha\beta}}{\partial x_i}\right)x_\alpha x_\beta = 0. \tag{10}$$

现在如果令

$$x_i' = g_{ij}x_j,$$

则有

$$\frac{\partial g_{i\beta}}{\partial x_\alpha}\cdot x_\beta = \frac{\partial x_i'}{\partial x_\alpha} - g_{i\alpha},$$

从而在 (10) 式的

$$左侧 = \left(\frac{\partial x_i'}{\partial x_\alpha}x_\alpha - x_i'\right) - \frac{1}{2}\left(\frac{\partial x_\alpha'}{\partial x_i}x_\alpha - x_i'\right)$$

$$= \frac{\partial x_i'}{\partial x_\alpha}x_\alpha - \frac{1}{2}\left(\frac{\partial x_\alpha'}{\partial x_i}x_\alpha + x_i'\right) = \frac{\partial x_i'}{\partial x_\alpha}x_\alpha - \frac{1}{2}\frac{\partial(x_\alpha' x_\alpha)}{\partial x_i}.$$

但是根据 (9) 式有 $x_\alpha' x_\alpha = x_\alpha^2$, 于是最后得到

$$\frac{\partial x_i'}{\partial x_\alpha}x_\alpha - x_i = \frac{\partial(x_i' - x_i)}{\partial x_\alpha}x_\alpha = 0.$$

利用置换 (7) 就给出

$$\frac{d(x_i' - x_i)}{ds} = 0,$$

而且因为差 $x_i' - x_i$ 对 $s = 0$ 变为零, 我们就得到一个简单的结论, 即对 x 必定恒等地有

$$x_i' = g_{i\alpha}x_\alpha = x_i. \tag{11}$$

通过对 x_k 的微分我们还进一步有

$$\frac{\partial g_{i\alpha}}{\partial x_k} \cdot x_\alpha = \delta_{ik} - g_{ik}. \tag{12}$$

根据这一点其左侧对 i 和 k 对称:

$$\frac{\partial g_{i\alpha}}{\partial x_k} \cdot x_\alpha = \frac{\partial g_{k\alpha}}{\partial x_i} \cdot x_\alpha. \tag{13}$$

将 (12) 乘以 x_k 或者 x_i, 并对 k 或相应地对 i 求和, 再一次应用式 (11) 得

$$\frac{\partial g_{i\alpha}}{\partial x_\beta}x_\alpha x_\beta = 0, \tag{14}$$

$$\frac{\partial g_{\alpha\beta}}{\partial x_i}x_\alpha x_\beta = 0. \tag{14'}$$

原来的方程 (10) 就这样地分解为两部分.

现在我们来研究线元的系数在 O 点的邻域内的级数展开:

$$g_{ik} = \delta_{ik} + c_{ik,\alpha}x_\alpha + c_{ik,\alpha\beta}x_\alpha x_\beta + \cdots.$$

其中 $c_{ik,\alpha}$ 是一阶偏导数 $\dfrac{\partial g_{ik}}{\partial x_\alpha}$ 在 O 点的值, $2c_{ik,\alpha\beta}$ 是二阶偏导数 $\dfrac{\partial^2 g_{ik}}{\partial x_\alpha \partial x_\beta}$ 在 O 点的值. 黎曼首先认为, 这里**线性项为零**. 于是由 (14') 有: 如果我们在其中令 $x = \xi^i s$, 并消去 s^2 的因子, 那么我们就会得到 s 的一个恒等式

$$\frac{\partial g_{\alpha\beta}}{\partial x_i}\xi^\alpha \xi^\beta = 0.$$

它在 $s = 0$ 给出所想要的结果, 即 $\dfrac{\partial g_{\alpha\beta}}{\partial x_i}$ 在 O 点为零, 因为其中的 ξ 可以为任意值. 但是如果我们首先将那个方程两边对 s 微分, 然后令 $s = 0$, 那么我们就得到进一步的关系式 $s = 0$,

$$c_{\beta\gamma,\alpha i} + c_{\gamma\alpha,\beta i} + c_{\alpha\beta,\gamma i} = 0.$$

通过对 (14) 作同样的处理得出

$$c_{i\alpha,\beta\gamma} + c_{i\beta,\gamma\alpha} + c_{i\gamma,\alpha\beta} = 0. \tag{15}$$

将最后这个方程的 i 与 γ 互换, 再减去上式, 我们最终还会得到对称性条件

$$c_{ik,\alpha\beta} = c_{\alpha\beta,ik}. \tag{16}$$

在 ds^2 的级数展开中, 其 0 阶项为

$$[0] = \sum dx_i^2;$$

它没有一阶项, 但是其二阶项合在一起成为下式:

$$[2] = c_{ik,\alpha\beta}x_\alpha x_\beta dx_i dx_k. \tag{17}$$

黎曼进一步认为, $[2]$ 是量 $x_i dx_k - x_k dx_i$ 的一个二次形式. 如果为了一致起见, 对无限小的 x_i 采用记号的 δx_i, 那么下述量

$$\delta x_i dx_k - dx_i \delta x_k = \Delta x_{ik} \tag{18}$$

就是分别以 δx_i 和 dx_i 为分量的两个线元在 O 点所张成 (平行四边形) 的面积. 一个由这种面积变量所形成的二次形式只能写成以下一种形式:

$$\Delta\sigma^2 = \frac{1}{4} R_{\alpha\beta,\gamma\delta}\Delta x_{\alpha\beta}\Delta x_{\gamma\delta}, \tag{19}$$

对于其中的系数还要加上辅助条件:

$$\begin{cases} R_{\beta\alpha,\gamma\delta} = -R_{\alpha\beta,\gamma\delta}, \quad R_{\alpha\beta,\gamma\delta} = -R_{\alpha\beta,\delta\gamma}, \\ R_{\gamma\delta,\alpha\beta} = R_{\alpha\beta,\gamma\delta}, \\ R_{i\alpha,\beta\gamma} + R_{i\beta,\gamma\alpha} + R_{i\gamma,\alpha\beta} = 0. \end{cases} \tag{20}$$

将 $[2]$ 代入上面的条件, 即有 (15), (16) 所需的关系, 我们就可以对 $c_{ik,\alpha\beta}$ 来应用下式

$$\left.\begin{array}{r} \dfrac{2}{3}c_{ik,\alpha\beta} \\ +\dfrac{1}{3}c_{ik,\alpha\beta} \end{array}\right\} = \left\{\begin{array}{l} \dfrac{1}{3}(c_{ik,\alpha\beta} + c_{\alpha\beta,ik}) \\ -\dfrac{1}{3}(c_{i\alpha,\beta k} + c_{i\beta,k\alpha}). \end{array}\right.$$

我们如果将系数 $c_{ik,\alpha\beta}$ 的这些值代入 (17) 式, 那么我们还可以在第三项 $c_{i\alpha,k\beta}$ 中交换下标 i 和 k. 因此, 如果我们按照 (19) 式用下述系数

$$R_{\alpha\beta,\gamma\delta} = c_{\alpha\gamma,\beta\delta} + c_{\beta\delta,\alpha\gamma} - c_{\alpha\delta,\beta\gamma} - c_{\beta\gamma,\alpha\delta} \tag{21}$$

来构造 $\Delta\sigma^2$, (21) 是满足 (20) 中的全部条件的, 那么就会得出

$$[2] = -\frac{1}{3}\Delta\sigma^2.$$

最近对黎曼曲率得出了一个十分自然而又直观的诠释, 它利用了向量在黎曼流形中的平行移动. 一个在 O 点处的向量体 (Vektorkörper) 所经历的无限小转动, 在经历过绕在 O 点的一个平面元的平行移动之后 —— 在此过程中分量为 ξ^i 的向量 ς 会得到一个增量 $\Delta\varsigma(\Delta\xi^i)$—— 可以用下述公式表达出来:

$$\Delta\xi^i = -\Delta r_k^i \cdot \xi^k;$$

Δr_k^i 与向量 ς 无关, 但是线性地依赖于所环绕的面元:

$$\Delta r_k^i = \frac{1}{2} R_{k,\alpha\beta}^i \Delta x_{\alpha\beta}$$

的分量 Δx_{ik}. 这一诠释导致下述方程

$$R_{\beta,\gamma\delta}^\alpha = \left(\frac{\partial \Gamma_{\beta\delta}^\alpha}{\partial x_\gamma} - \frac{\partial \Gamma_{\beta\gamma}^\alpha}{\partial x_\delta} \right) + \left(\Gamma_{\rho\delta}^\alpha \Gamma_{\beta\gamma}^\rho - \Gamma_{\rho\gamma}^\alpha \Gamma_{\beta\delta}^\rho \right), \tag{22}$$

因此, 具有系数

$$R_{\alpha\beta,\gamma\delta} = g_{\alpha\rho} R_{\beta,\gamma\delta}^\rho \tag{22'}$$

的 $\Delta\sigma^2$ 的形式就是一个不变量. 在中心坐标中 g_{ik} 的一阶导数在所考察点 O 等于零, 由于它的系数 R 在应用这个坐标时变为 (21) 式, 它就与黎曼曲率形式一致. 由 δ 和 d 这两个向量所张成的无限小平行四边形 (黎曼用的是三角形, 而不是平行四边形) 的面积的平方 Δf^2 同样由变量 (18) 的二次形式来给出, 更具体地讲, 在任意坐标系中为

$$\Delta f^2 = \frac{1}{4} (g_{\alpha\gamma} g_{\beta\delta} - g_{\alpha\delta} g_{\beta\gamma}) \Delta x_{\alpha\beta} \Delta x_{\gamma\delta}.$$

那只与 Δx_{ik} [的分量] 的比值有关的比值 $\dfrac{\Delta\sigma^2}{\Delta f^2}$ 就是我们跟随黎曼称为流形的一个面元的曲率的那个数, 这个面元所取的曲面方向是以 Δx_{ik} 为分量的.

首先, 对黎曼曲率理论作深入研究的是 Christoffel 和 Lipschitz(在 Journal f. d. reine u. angew. Mathematik(纯粹与应用数学杂志), Bd. 70, 71, 72, 82 上的多篇论文). 黎曼本人也在一篇提交巴黎科学院的应征论文中阐述了相应的计算, 但是并未获奖, 因而是一篇没有发表的论文; 他是通过戴德金和韦伯发表在全集中, 并且附加了一篇出色的评注. Ricci 和 Levi-Civita 特别发展的一套度量流形中的不变量理论 (参阅 Méthodes de calcul différential absolu(绝对微分计算方法), Math. Annalen, Bd. 54, 1901, S.125—201), 最近在爱因斯坦的相对论的影响下, 这一研究又被重新提起; 特别是它导致建立了无限小平行移动的基本概念. 关于这方面, 请见 Levi-Civita, Nozione di parallelismo in una varietà qualunque...(《在任意流形中的平行移动的概念》), Rend. D. Circ. Matem. di Palermo, Bd. 42(1917); Hessenberg, Vektorielle

Begründung der Differential-geometrie(《微分几何的向量基础》), Math. Annaln, Bd. 78(1917); Weyl, Raum, Zeit, Materie(《空间, 时间, 物质》), 第 5 版 (Berlin, 1923), S. 88ff; J. A. Schouten, Die direkte Analysis zur neueren Relativitätstheorie(对新近相对论的一个直接分析), Verhand. d. K. Akad. v. Wetensch. te Amsterdam, VII, Nr. 6(1919).

4. (对第 II 部分, 第 3 节) 一个度量流形, 如果它的度量是以一正定二次形式 ds^2 为基础, 就称之为黎曼流形. 它与平常的曲面理论, 比如像由高斯所建立的那种, 之间的关系是这样的, 即三维欧氏空间中每一个曲面在一定的意义上就是一个 (二维) 的黎曼流形. 但是这唯一的理由, 只是因为欧氏空间本身也是那样一种流形: 一般来讲一个 n 维黎曼流形都会把它的度量以这样一种方式传递给位于其中的 m 维流形 ($m = 1$, 或 2 …… 或 $n-1$), 使得后者也具有一个黎曼度量. n 维 "空间" 中的点可以用 n 个坐标 x_i 来标记, m 维 "曲面" 的点则可以用 m 个坐标 u_k 来标记. 这个曲面可以用参数表示

$$x_i = x_i(u_1, u_2, \cdots, u_m) \quad (i = 1, 2, \cdots, n)$$

来描述, 它给出曲面上每一点 u 落在空间中的哪个点上. 如果将由此得出的微分

$$dx_i = \frac{\partial x_i}{\partial u_1}du_1 + \frac{\partial x_i}{\partial u_2}du_2 + \cdots + \frac{\partial x_i}{\partial u_m}du_m (i = 1, 2, \cdots, n)$$

代入空间的度量基本形式 ds^2, 那么我们就会得到一个 du_k 的确定的二次形式来作为这个曲面的度量基本形式 (即 "线元"). 因此在欧几里得对空间先验地假设了许多不同于在其中的可能曲面的特殊性质, 即作为平坦的性质的情况之际, 黎曼流形的概念就正好给出了为完全排除这种差异所必需的那种程度的普遍性.

按照高斯, 我们对在具有笛卡儿坐标 xyz 的三维欧氏空间中的曲面

$$x = x(u_1, u_2), \quad y = y(u_1, u_2), \quad z = z(u_1, u_2),$$

以下述两个微分形式:

$$ds^2 = dx^2 + dy^2 + dz^2 = \sum_{i,k=1}^{2} g_{ik}du_i du_k,$$

$$-(dxdX + dydY + dzdZ) = \sum_{i,k} G_{ik}du_i du_k \tag{23}$$

作为其理论的基础. 其中 X, Y, Z 为曲面法线的方向余弦. 如果我们从空间的一个固定点作对一无限小曲面元 do 的所有法线的平行线, 那么这些平行线就会填满一个一定的空间角 $d\omega$. 比值 $\dfrac{d\omega}{do}$ 当 do 缩小到一点时的极限就是曲面在该点的高斯

曲率. 解析上它由那两个基本形式的行列式之比给出:

$$K = \frac{G_{11}G_{22} - G_{12}^2}{g_{11}g_{22} - g_{12}^2}.$$

所谓高斯曲率只与曲面的几何有关, 而与它在空间中嵌入方式无关这一点, 更准确地讲是: K 与黎曼所谓的曲率那个量是一致的, 这指的是由线元 (23) 所确定的二维流形所具有的, 并由公式 (22) 来计算的曲率. 这是在每一本曲面理论的教科书都证明了的 (参见, 例如, W. Blaschke, Vorlesungen über Differentialgeometrie I(《微分几何讲义第 I 卷》), Julius Springer, 1921, S. 59, S. 96).

一个二维流形的黎曼曲率的直观意义可以用一个测地线组成的三角形来说明, 最好是用以向量的无限小位移为基础的这种特殊三角形. 如果我们将从二维流形中的一点 P 指向 ∞^1 个方向的 "罗盘 [指针]" 沿着流形上一条从罗盘中心经过的封闭曲线 $\mathbb{C}$ 平行移动, 那么方向罗盘就不会回到开始时的方向, 而会转过一定的角度; 这个角度, 正如我们从先前所述曲率的自然定义中所直接得出的一样, 等于曲率在此曲线所包围的区域上的积分. 如果我们取一个测地线三角形作为曲线 $\mathbb{C}$, 并且注意到, 测地线是以保持其方向不变的性质作为其特征的, 由此导致在正文中所给出的, 归结到高斯的意义.

至于说一个二维测地曲面, 它是由那样一些测地线构成的, 它们全都从一点 O 以一个确定的曲面方向 Δ 发出, 在点 O 具有在曲面方向 Δ 的空间曲率, 这个结论最简单, 可以这样来证明. 设 x_i 为空间属于这个点 O 的中心坐标, 那么该测地曲面可以这样来表征, 就是它上面的点的坐标, 除了 x_1, x_2 之外全都为零. 由于 g_{ik} 的导数, 也有量 $\Gamma_{\alpha\beta}^i$, 在点 O 为零, 但是 g_{ik} 取特殊的值 δ_{ik}, 人们就立即由公式 (22) 认识到, 空间曲率 $R_{12,12}$ 本身仅与 g_{11}, g_{12}, g_{22}(的二阶导数) 有关, 可是其余的 g_{ik} 不在它的表达式中出现.

5. (对第 II 部分, 第 4 节) 我们说, 一个流形具有一个中心 O, 就是说, 如果他能借助于某个在点 O 变为零的坐标 x_i 映射到这样一个具有以下度量

$$ds_0^2 = dx_1^2 + dx_2^2 + \cdots + dx_n^2$$

的笛卡儿像空间上, 使得线性放大比例 $\dfrac{ds}{ds_0}$, 即一个线元的长度 ds 与在笛卡儿像空间中的相应的线元的长度 ds_0 之比, 具有一个固定的值: ①对所有在像空间在沿径向的线元 ds_0, 它们位于离开零点相同的距离 r 处,

$$r^2 = x_1^2 + x_2^2 + \cdots + x_n^2,$$

②所有在此距离上的**切向**, 即与径向的线元相垂直的 ds_0. 因此从分析得知, ds^2 是

下述两个正交 (变换下) 不变的微分形式

$$dx_1^2 + dx_2^2 + \cdots + dx_n^2 \quad \text{和} \quad (x_1 dx_1 + x_2 dx_2 + \cdots + x_n dx_n)^2$$

的线性组合:

$$ds^2 = \lambda^2 \sum_i dx_i^2 + l \left(\sum_i x_i dx_i \right)^2,$$

其中的系数 λ 和 l 只与 r 有关. 这里 λ 是切向放大比例系数, 径向 h 由 $h^2 = \lambda^2 + lr^2$ 来确定. 可以这样来调整径向尺度 r, 以使 $\lambda = 1$, 从而有

$$ds^2 = \sum_i dx_i^2 + l \left(\sum_i x_i dx_i \right)^2. \tag{24}$$

坐标 x_i 是在点 O 处下述意义上的 "修正中心坐标"(modifizierte Zentralkoordinaten): 每一条射线

$$x_i = \xi^i r$$

(这里 ξ^i 为其平方和等于 1 的常向量, 而 r 为可变参数) 为一条测地线; 但是 r 不是在其上测得的弧长, 而是这样的, 即 s 与 r 之间有如下关系:

$$\left(\frac{ds}{dr} \right)^2 = 1 + lr^2 = h^2. \tag{24'}$$

在备有笛卡儿坐标 $x_0, x_1, \cdots, x_n$ 的 $n+1$ 维空间中的一个 n 维球上有

$$\begin{aligned} x_0^2 + x_1^2 + \cdots + x_n^2 &= a^2, \\ ds^2 &= dx_0^2 + dx_1^2 + \cdots + dx_n^2. \end{aligned} \tag{25}$$

因此, 如果我们用 $x_1, \cdots, x_n$ 作球上的坐标, 那么, 由于在其上有

$$x_0 dx_0 = -(x_1 dx_1 + x_2 dx_2 + \cdots + x_n dx_n),$$

$$dx_0^2 = \frac{(x_1 dx_1 + x_2 dx_2 + \cdots + x_n dx_n)^2}{a^2 - r^2},$$

所以对上面的 ds^2 就有 (14) 并附带以

$$l = \frac{1}{a^2 - r^2} = \frac{\alpha}{1 - \alpha r^2} \quad \left(\alpha = \frac{1}{a^2} \right).$$

由此可见, 一个具有形如 (24) 的线元的流形, 其中 l 表示上述函数 $\dfrac{\alpha}{1 - \alpha r^2}$, 会具有一个与 (面元) 位置和曲面 (面元) 方向均无关的常曲率; 这个结论无论 α 是正

的还是负的, 都是同样正确的. 此外, 在即将作出的详细计算还会证明, 这个曲率的值就是 α. 在这个 ds^2 的标准形式 (Normalform) 下, 球的正交投影对应于 "赤道" $x_0 = 0$, 黎曼用的不是这种形式的 ds^2, 而是用通过球极平面投影所得到的形式. 我们可以通过对上面给出的坐标作下述变换

$$x_i = \frac{x_i^*}{1 + \frac{\alpha}{4} r^{*2}} \quad \left(r^{*2} = \sum_i (x_i^*)^2, i = 1, 2, \cdots, n \right)$$

过渡到新坐标 x_i^*, 就能得到这个形式.

为了证明其逆, 我们在一任意的流形上引进一个在点 O 的 "修正中心坐标" x_i 以它作为定义 r 的函数 l 的基础. 它可以由在附注 3 中所构造的 "固有的" 中心坐标得出, 这只要我们在从 O 发出的测地线上将自然的尺度 s 换成由 (24′) 给出的修正尺度 r 就可以了. 正如我们在附注 3 中对相应于选 $l = 0$ 的 "固有的" 中心坐标求得公式 (8), (13), (11) 一样, 我们可以用相同的方式求得

$$\Gamma_{\alpha\beta}^i \xi^\alpha \xi^\beta = \frac{h'}{h} \xi^i \tag{26}$$

(其中 ′ 表示对 r 的求导; 总是以 $x_i = \xi^i r$ 代入, 这里 ξ^i 是一个其平方和等于 1 的任意常向量);

$$\frac{\partial g_{i\alpha}}{\partial x_k} \xi^\alpha = \frac{\partial g_{k\alpha}}{\partial x_i} \xi^\alpha, \tag{27}$$

$$\xi_i, \quad \text{亦即} \quad g_{i\alpha} \xi^\alpha = h^2 \xi^i. \tag{28}$$

我们要问: 何时点 O 能成为这个流形的中心, 更准确地说, 何时下述方程能成立:

$$g_{ik} = \delta_{ik} + l x_i x_k? \tag{29}$$

其必要和充分的条件就是

$$\frac{d}{dr} (g_{ik} - l x_i x_k) = 0,$$

或者

$$\frac{\partial g_{ik}}{\partial x_\alpha} \xi^\alpha = \frac{d}{dr} (l r^2) \cdot \xi^i \xi^k; \tag{30}$$

因为如果差 $g_{ik} - l x_i x_k$ 不依赖于 r, 那么立即就可以知道它们在 $r = 0$ 时的值就必定等于 δ_{ik}. 由于 (27) 与 (28), 下述方程等价于条件方程 (30):

$$\Gamma_{i,k\alpha} \xi^\alpha = h h' \cdot \xi^i \xi^k,$$

同样还有

$$\Gamma_{k\alpha}^i \xi^\alpha = \frac{h'}{h} \xi^i \xi^k.$$

这样一来, 如果我们令

$$\varphi_k^i = \Gamma_{k\alpha}^i \xi^\alpha - \frac{h'}{h} \xi^i \xi^k, \tag{31}$$

那么这个量 φ_k^i 为零就是我们所要求的 (29) 能成立的条件.

为了将这个问题与曲率联系起来, 我们把它再对 r 微分, 由此得到

$$\frac{d\varphi_k^i}{dr} = \frac{\partial \Gamma_{k\alpha}^i}{\partial x_\beta} \xi^\alpha \xi^\beta - (\lg h)'' \xi^i \xi^k. \tag{32}$$

右边第一项的一个组成部分为

$$R_{\alpha\kappa\beta}^i \xi^\alpha \xi^\beta, \tag{33}$$

就如同要取 R 的 (22) 一样. 为了计算 (33), 我们要依次作出

$$\frac{\partial \Gamma_{\alpha k}^i}{\partial x_\beta} \xi^\alpha \xi^\beta, \quad \frac{\partial \Gamma_{\alpha\beta}^i}{\partial x_k} \xi^\alpha \xi^\beta$$

以及

$$\left(\Gamma_{\rho\beta}^i \Gamma_{\alpha k}^\rho - \Gamma_{\rho k}^i \Gamma_{\alpha\beta}^\rho \right) \xi^\alpha \xi^\beta. \tag{34}$$

第一项根据 (32)

$$= \frac{d\varphi_k^i}{dr} + (\lg h)'' \xi^i \xi^k.$$

为了得到第二项, 我们将 (26)

$$\Gamma_{\alpha\beta}^i x_\alpha x_\beta = \frac{rh'}{h} x_i$$

对 x_k 微分, 得

$$\frac{\partial \Gamma_{\alpha\beta}^i}{\partial x_k} x_\alpha x_\beta + 2\Gamma_{\alpha k}^i x_\alpha = \frac{x_i x_k}{r} \frac{h'}{h} + x_i x_k (\lg h)'' + \frac{rh'}{h} \delta_{ik}.$$

如果我们再按 (31) 将 $\Gamma_{\alpha k}^i \xi^\alpha$ 用 φ_k^i 表出, 那么就会由此得到

$$\frac{\partial \Gamma_{\alpha\beta}^i}{\partial x_k} \xi^\alpha \xi^\beta = \xi^i \xi^k (\lg h)'' + \frac{h'}{rh} (\delta_{ik} - \xi^i \xi^k) - \frac{2}{r} \varphi_k^i,$$

$$\left(\frac{\partial \Gamma_{\alpha k}^i}{\partial x_\beta} - \frac{\partial \Gamma_{\alpha\beta}^i}{\partial x_k} \right) \xi^\alpha \xi^\beta = \left(\frac{d\varphi_k^i}{dr} + \frac{2}{r} \varphi_k^i \right) + \frac{h'}{rh} (\xi^i \xi^k - \delta_{ik}).$$

但是对第三项我们可以作以下变换:

$$(\Gamma_{\rho\beta}^i \xi^\beta)(\Gamma_{\alpha k}^\rho \xi^\alpha) - \Gamma_{k\rho}^i (\Gamma_{\alpha\beta}^\rho \xi^\alpha \xi^\beta)$$

$$= \Gamma_{\rho\beta}^i \xi^\beta \left(\varphi_k^\rho + \frac{h'}{h} \xi^\rho \xi^k \right) - \Gamma_{k\rho}^i \cdot \frac{h'}{h} \xi^\rho$$

$$=\Gamma^i_{\rho\beta}\xi^\beta\varphi^\rho_k+\frac{h'}{h}\xi^k(\Gamma^i_{\rho\beta}\xi^\rho\xi^\beta)-\frac{h'}{h}\left(\varphi^i_k+\frac{h'}{h}\xi^i\xi^k\right)$$

$$=\Gamma^i_{\beta\rho}\xi^\beta\varphi^\rho_k-\frac{h'}{h}\varphi^i_k.$$

这样一来, 如果我们再引进

$$\frac{r^2\varphi^i_k}{h}=\psi^i_k,$$

那么最终的公式就将是

$$-R^i_{\alpha\kappa\beta}\xi^\alpha\xi^\beta=\frac{h}{r^2}\left(\frac{d\psi^i_k}{dr}+\Gamma^i_{\alpha\beta}\xi^\alpha\psi^\beta_k\right)+\frac{h'}{rh}(\xi^i\xi^k-\delta_{ik}). \tag{35}$$

另一方面又有

$$(\delta_{ik}g_{\alpha\beta}-\delta_{i\beta}g_{\alpha k})\xi^\alpha\xi^\beta=\delta_{ik}h^2-\xi^i\xi_k=h^2(\delta_{ik}-\xi^i\xi^k). \tag{36}$$

如果 O 是中心: $\psi'_k=0$, 则由此推知: 在流形上的任意一点 P 处的任意包含测地射线 OP 的面元方向上的曲率只与 r 有关, 就是

$$\frac{h'}{rh}:h^2=-\frac{1}{2r}\frac{d}{dr}\left(\frac{1}{h^2}\right). \tag{37}$$

这个条件也是 O 为中心的充分条件; 因为根据 (35) 和 (36), 它与方程

$$\frac{d\psi^i_k}{dr}+\Gamma^i_{\alpha\beta}\xi^\alpha\psi^\beta_k=0 \tag{38}$$

是一致的, 而由它能得出 $\psi^i_k=0$. 实际上假设 C 和 Γ 是这样一种常数, 使得例如, 当 $0\leqslant r\leqslant 1$ 时下述不等式能成立:

$$\left|\Gamma^i_{\alpha\beta}\right|\leqslant\frac{\Gamma}{n^2}, \quad \left|\psi^i_k\right|\leqslant C, \tag{39}$$

$$\left|\psi^i_k\right|\leqslant C\cdot\frac{(\Gamma r)^m}{m!}. \tag{40}$$

证明可以用完全归纳法. 按照 (39) 式这个结论在 $m=0$ 时成立; 但是从结论对 m 成立推导到对 $m+1$ 也成立可以通过下述估计式得到

$$\left|\psi^i_k\right|=\left|\int^r_0\Gamma^i_{\alpha\beta}\xi^\alpha\xi^\beta\psi^\beta_k dr\right|\leqslant\frac{C\Gamma^{m+1}}{m!}\int^r_0 r^m dr=C\cdot\frac{(\Gamma r)^{m+1}}{(m+1)!}.$$

如果我们让 (40) 式中的整数 m 无限地增大, 那么就会得到 $\psi^i_k=0$.

我们来把结论运用到流形的曲率为常数 α 时这种特殊情形. 我们选

$$l=\frac{\alpha}{1-\alpha r^2}, \quad h^2=1+lr^2=\frac{1}{1-\alpha r^2}.$$

于是由 (37) 就能得到常数值 α. 根据这一点如果我们在流形的任意点 O 处引进与所选的这个函数 l 相关联的中心坐标, 那么方程 (38) 就会得到满足, 由此得出 $\psi_k^i = 0$, 并最后导致

$$g_{ik} - lx_ix_k = \delta_{ik}.$$

这样我们的目的就达到了: 常曲率流形的线元在所选的坐标中必定具有如下的形式:

$$ds^2 = \sum_i dx_i^2 + \frac{\alpha}{1-\alpha r^2}\left(\sum_i x_i dx_i\right)^2.$$

由于这里中心 O 可以安置在流形中的任意点, 而且在保持 O 不动的情况下标准形式也不会经过坐标 x_i 的任意线性正交变换受到破坏, 这就表明一个常曲率流形具有黎曼所认定的可移动性. 因此它肯定是均匀的 (homogen), 这里均匀的意思是指, 不仅它的所有的点是等价的, 而且在每一点处所有面元的方向也是等价的. 反之, 每一个具有这种均匀性质的流形显然必定具有常数曲率. 除了这早就为人所知的 $\alpha = 0$ 的欧氏空间的情形外, 接着我们取 $\alpha = \pm 1$. 对于第一种 ($\alpha = +1$) 的情形, 如果我们将在前面公式 (25) 中所采用的坐标的比值

$$x_0 : x_1 : \cdots : x_n,$$

引进作为在流形中的齐次坐标, 那么我们就可以不必采用像 (25) 那样的范式来表示线元

$$ds^2 = \frac{\Omega(x,x)\Omega(dx,dx) - \Omega^2(x,dx)}{\Omega^2(x,x)}, \tag{41}$$

其中 $\Omega(x,x)$ 表示下述对称双线性形式

$$x_0y_0 + x_1y_1 + \cdots + x_ny_n$$

(相应的二次形式 $\Omega(x,x)$ 等于

$$x_0^2 + x_1^2 + \cdots + x_n^2$$

是正定的, 其惯性下标为 0). 这个 ds^2 实际上只与无限靠近的两个点的坐标 x 之间的比值有关. 流形到自身的运动现在就可以简单地用齐次坐标 x 的那种线性变换来给出, 它是把齐次方程 $\Omega(x,x) = 0$ 变到自身的变换. 对于曲率为 -1 的流形也有类似的结论; 只是在 ds^2 的公式 (41) 中 ds^2 要换成 $-ds^2$, 并将其中的 $\Omega(x,x)$ 理解为下述惯性指数为 n 的二次形式:

$$x_0^2 - (x_1^2 + \cdots + x_n^2).$$

还有我们还必须将变量限制到能使 $\Omega > 0$ 的范围内. 更一般的情况下我们可以取 Ω 为一任意的、惯性指数为 0 或 n 的非退化二次形式 (因为这种二次形式可以线性变换到作为此处基础的两种标准形式之一; 只有惯性指数等于 0 或 n 才有可能, 因为 ds^2 必须为正定). 测地线 (直线) 用我们的齐次坐标间的线性方程来表示. 因此, 我们涉及是射影几何的 n 维空间, 其中以一个装备了确定的度量 (Cayley 度量) 的 "圆锥曲线" $\Omega(x,x) = 0$ 为基础. 关于这方面请参阅: Cayley, Sixth Memoir upon Quantics(《论代数齐式第 6 篇》), Philosophical Transactions, 149(1859); F. Klein, Über die sogenannte Nicht-Euklidische Geometrie(《论所谓非欧几何》), Math. Annalen, Bd. 4(1871), 以及 Klein 发表在 Math. Annalen, Bd. 6 及 37 上的后续论文. 克莱因 (Klein) 把 $\alpha = +1$ 和 $\alpha = -1$ 的情形分别称为 "椭圆" 几何和 "双曲" 几何, 欧氏几何, 作为一种过渡和退化的情形, 插在它们之间. 双曲几何就是最早 (大约在 1830 年) 由罗巴切夫斯基 (Lobatschefskij) 与波尔约 (Bolyai) 所系统建立的 "非欧几何". 椭圆几何则局限于一个很窄的范围, 正如我们将看到的, 就是实现在 $n+1$ 维欧氏空间中 n 维球上的球面几何. 但是总的来说, 作为其基础的 "椭圆空间" 具有一种是球所没有的连通性质; 它是我们将所有两个对径点理想的粘合成一个点而成, 或者也可以这样来看, 作为构造单元的不再是用球的点, 而是用过球心的直线. 关于具有各种不同度量的空间的拓扑性质, 可参阅特别是 Klein, Math. Annalen, Bd. 37(1890), S. 544; Killing, Math. Annalen, Bd. 39(1891), S. 257, 以及 Einführung in die Grundlagen der Geometrie(《几何基础导引》), Paderborn 1893; 还有 Koebe, Annali di Mathematica, Ser. III, 21, pag. 57, 以及 Weyl, Math. Annalen, Bd. 77, S. 349.

　　6. (对第 III 部分, 第 3 节)对黎曼有关空间度量关系的内在基础方面的最后的提示, 只有通过爱因斯坦的广义相对论才能得到完全的理解. 如果放下第一种可能性, 即那种 "作为空间基础的现实构成一个离散的流形" 的可能性不谈 (尽管在其中可能一度曾包含着对空间问题的最终答案), 那么黎曼在这里与所有到那时为止的数学家和哲学家所首肯的、认为空间度量的确定与在其中进行的物理过程无关, 而且实体在这个度量空间中就好像搬进了一座建好了的廉租屋一样这样的意见正好相反. 他认为, 空间很有可能本身只是一个像他在他的演讲的第一部分所讲的那样没有形状的三维流形, 而是充满其中的物质性的蕴藏才使之成型, 并确定其度量. 那 "度量场" 的本质原则上就像电磁场一样 —— 因为空间仅就其作为现象的形式 (Form der Erscheinungen) 而言, 是均匀的, 似乎由此必然得出 (而且从老的观点来看, 这个结论是不可避免的), 它是一个完全特别的黎曼流形, 即它必定是一个常曲率流形. 由在注释 2 中所引用的亥姆霍兹以及李的论文可以确定, 只有在这样的一个空间一个物体才能在保持不改变其度量关系的情况下具有那样一种可运动性, 不论运动到哪个地点, 还是哪个方向都是可能的, 都是一旦设想度量的确定与物质的分布有关, 于是这个结论就不能成立了. 因为如果一个物体在其运动中将它所产生的度量场带着一起走, 那么它就有可能重新获得在一个任意的黎曼流形中移动它的位置而不改变流形的变度量; 这完全和一有质体在它自己产生力场的作用 (影响) 下取得一个平衡的形状一样, 如果我们固定力场而把这个有质体移动到另一个地方, 它就必定会变形, 但是实际上却保持了自己的形状, 这是因为它把自己产生的力场带着一起走了.

在物理世界中还要把时间作为第四坐标加到三个空间坐标上, 狭义相对论 (Einstein, Minkowski) 导致这样的观点, 即这一空间 - 时间点的四维流形是一个欧氏流形, 其中的空间和时间不是不可以随意相互分离开的; 但是这个欧氏性现在还要做一点修正, 即作为度量基础的二次形式 ds^2 不再是正定的, 而是其惯性指数等于 1. 在广义相对论中发生了从欧几里得到黎曼的转变: [物理] 世界是一个四维连续体, 在其中由一个与物质的状态、分布和运动都有关的度量场起着主导作用, 这个场可以由一个惯性指数为 1 的二次微分形式 ds^2 来描述. 特别的是, 引力的现象就是源自这个度量场. 所以, 黎曼想把横亘在几何与物理之间的这堵隔离墙拆除的思想, 终于被爱因斯坦的光辉成就实现了. 关于这方面的文献编者推荐 *"Raum, Zeit, Materie"*(《空间, 时间, 物质》), 第 5 版 (Berlin, 1923) 一书.

第 4 章　黎曼论文的呈现

4.1　论 文 概 要

　　黎曼在他的工作中以一种概念上新颖的方式分析了空间的数学结构. 通过黎曼的工作, 物理空间首先获得了经验确定的特征, 其次失去了它作为数学空间的唯一性. 为了达到这个目的, 黎曼首先引入了多重延伸量或称为流形的概念. 流形的特征是其充分小的部分可以用 n 个坐标完整而简洁地描述. 这个数 n 就是流形的维数. 用现代术语来说就是, 这种流形结构只确定拓扑, 即位置的定性方面, 但尚未提供任何测量, 这一点至关重要. 因此, 黎曼认识到, 为了测量长度和角度, 需要一个额外的定量结构. 这个附加的结构是任意的 (服从某些自然约束). 这种结构一方面可以受到简单性条件的限制, 另一方面, 如果它是用来描述实际的物理空间, 则受到实证检测的限制. 然后, 黎曼用一个所谓的度规张量①来描述定量结构, 为了简单起见, 选择了二次微分式这个量 (这将在后面解释). 利用这个度规张量, 我们可以确定曲线的长度、点之间的距离和角度的大小, 这是通常的度规量. 但是, 由于流形可以用不同的方法在局部用坐标来描述, 因此确定不依赖于坐标选择的量就成为几何研究的中心任务. 这就是带有度规的流形的不变量. 因此, 黎曼接着在其条件下确定出一组完整的不变量. 这组不变量由曲率张量表示. 这代表了高斯曲面理论的一个深远的推广. 通过对几何性质的附加要求, 曲率张量可以得到更严格的约束. 特别是, 如果遵循刚体自由移动的要求, 那么空间的曲率必须是恒定的, 这一结果亥姆霍兹稍后会把它作为重点来考虑. 常负曲率的黎曼空间被证明是波尔约和罗巴切夫斯基的非欧几里得几何模型, 贝尔特拉米后来也强调了这一点. 因此, 黎曼发现了一种新的、更为普遍的方法来研究非欧几里得几何, 顺便提一句, 显然, 他在写作他的论文时甚至没有意识到这一点. 对于黎曼来说, 这种普遍性从自然哲学的角度来说尤为重要, 因为他已经暗示了空间几何与空间中所包含的物体产生的力之间的关系, 这是爱因斯坦广义相对论的基础. 这远远超出了常曲率空间的范畴, 因为在空间中的运动物体影响了后者的几何, 反过来, 几何可以决定物

---

　　① 在黎曼的论文中, 张量的概念还没有被引入, 因此这个公式预计会有后续的发展. 详细描述该发展过程的参见: Karin Reich, Die Entwicklung des Tensorkalküls. Vom absoluten Differentialkalkül zur Relativitätstheorie. Basel, Birkhäuser, 1997.

体的运动①.

4.2　论文主要结果

　　黎曼区分了定性流形结构和定量度量结构, 即空间的拓扑结构和度量结构, 并发展了为达到此目的所需要的数学概念. 流形结构仅指相邻结构和相对位置, 即定性方面. 空间的无限性, 即它没有边界, 这就是拓扑性质的一个例子. 对于流形的概念, 黎曼假设空间可以由坐标局部描述, 即表示它可以与 (笛卡儿) 数空间局部相关. 这使得利用代数和微积分工具局部研究流形成为可能. 为此目的所需要的独立坐标的个数就是流形的维数 n. 这个维数并不局限于日常生活经验领域的数字 3, 它可能具有任何值. 因此, 流形概念也成为描述高等数学中参数依赖结构 (parameter-dependent structures) 的形式化工具. 除了确定维数的独立性和完备性要求, 还可以任意选择描述空间的局部坐标. 因而, 几何学的任务就是寻找一给定流形的不变量, 它独立于这样一种任意 (局部坐标) 的描述.

　　流形可以携带一个附加的结构, 一个定量的度量结构使得度量距离和角度成为可能. 为了得到一个内容足够丰富的概念, 黎曼假设当我们从无限小的视角看它时, 这个度量结构就会退化成欧几里得度量结构, 所以无穷小情况下勾股定理仍然适用. 然而, 在局部情况下, 这种度量结构通常偏离欧几里得结构, 由测地线构成的三角形中各内角之和不必然等于 180° 这一事实就说明了这一点. 欧几里得结构的偏离是由空间曲面的曲率来度量的. 从这些曲率出发, 黎曼得到了一个完整的独立不变量系统来表征度量结构. 当曲率恒定时, 即在每个点和曲面的每个方向上都是相同的, 图形或物体可以在这样的黎曼流形中自由移动, 但不能拉伸或压缩它们. 在这些常曲率空间中有非欧几里得几何, 但是黎曼没有讨论这些几何.

　　从度规结构是一个附加的结构 (这一结构不包括在流形的概念之内) 这一事实, 黎曼得出如下结论: 我们的经验空间的度规来自外部, 来自物理的力. 这预示着爱因斯坦广义相对论的核心思想, 即它用质量在空间中所处位置或运动的引力来确定空间的曲率. 黎曼及其后继者正式阐述和发展了他的几何概念, 以几何关系独立于坐标描述的原则和黎曼几何的张量微积分为广义相对论创造了数学基础.

　　对于黎曼来说, 数学空间是流形, 是可以用坐标表示的多重延伸量. 视觉和触觉的物理空间, 也就是我们发现感官对象的地方就是一个例子, 颜色空间是另一个例子. 这已经是黎曼能举出的仅有的物理例子. 然而, 黎曼在数学上深刻化和形式化的思想主要体现在数学中, 在那里有许多这样的结构可以被看作是空间. 黎曼从

---

① 然而, 在深入分析黎曼自然哲学和物理思想的基础上, 普尔特的著作 *Axiomatik und Empirie*(第 399-401 页) 对文献中经常表达的主张持批评态度, 例如在 H. 外尔对黎曼工作的评论中指出, 黎曼已经直觉地猜测或预测了广义相对论的重要方面. 见下文本书之 5.2 节.

纯位置关系和度量关系两个方面进行了区分. 前者属于拓扑领域, 仍然被黎曼称为位置分析 (Analysis Situs, 沿用创造这个术语的莱布尼茨的命名), 他也为此创建了重要的基础, 而后者导致了 (黎曼) 几何领域.

4.3 黎曼的论证

全文由引言 (其中提出了研究计划) 和三章 (其中又细分为若干段落) 组成. 第 1 章是流形的定性拓扑概念, 第 2 章给出流形的定量度量关系, 第 3 章是流形在 (物理) 空间上的应用.

在引言中, 黎曼首先讨论了定义空间概念和空间基本结构的名义定义与包含本质决定因素的公理之间的关系. 认为人们既不清楚它们之间的关系是否必要, 也不清楚是否可能①. 为了阐明这一关系, 黎曼首先将以一般的方式构造一个多重延伸量 (即流形) 的概念. 这个结构不包含度量, 只包含纯位置关系, 或者换句话说, 通过指定 n 个实数来表示一个点的坐标的可能性. 度量关系只能从经验上得到. 这些都是不具有必然性的事实, 但只是在经验上是确定的, 因此, 它们只是假设 —— 这就解释了他的演讲标题②. 亥姆霍兹于是将把几何学的基本事实写成某种固定的东西 (根据他的经验, 唯一确定的参数是空间曲率的值, 对他来说, 这个值必定是常数). 然而, 黎曼承认有可能存在多个足以确定空间度量性质的系统, 其中最重要的是欧几里得系统. 特别地, 存在这样的问题, 即这样一个系统能在多大程度上保持其有效性而不受观察范围 (无论是无穷小还是无穷大) 的限制.

黎曼将经验事实视为假设, 这似乎也有些令人惊讶. 黎曼的想法是, 如果空间的度量性质不必然地遵从其结构, 那么空间可以带有多种可能的度量, 数学家可以指定任何这样的假设关系, 检查所得结果的结构并区分它们的特点. 希尔伯特后来就是将这种想法作为一种系统化纲领的公理方法提出的.

在这些初步的考虑之后, 第一部分专门讨论多重延伸量, 即流形的概念. 其要

---

① 这里的 "必要" 可能是康德意义上的思维的必要性, "可能的?" 是莱布尼茨意义上的逻辑可能性.

② 然而, 在黎曼去世后出版的一个哲学片段里, 他在讨论因果关系的概念以及康德和牛顿的立场时写道: "现在习惯上, 凡是用思想加在现象上的东西, 都用假设来表示". 见 Werke, 第二版, 第 525 页 (或者 Narasimhan 版本的第 557 页). 黎曼对 "假设" 这个词的使用到底反映了多少, 对我来说很难确定. 问题是, 黎曼是否有意提及 Osiander 在他对哥白尼著作的未经授权的前言中提出的有效性主张的相对化, 他宣称天文学理论是纯粹的假设, 而没有进一步宣称真理, 开普勒声称他创造了一个没有假设的天文学, 或者牛顿 "hypotheses non fingo" 的陈述没有解决这个难题, 那就是关于物体的物理能力在没有空间接触或介质的情况下对其他物体施加吸引力的原因 (例如, 最近关于思想史的讨论, Hans Blumenberg, *Die Genesis der kopernikanischen Welt*, Frankfurt, Suhrkamp, 42007, pp. 341-370). 在任何情况下, 黎曼所引用的引文都符合这样的观点, 即在被描述的话语中最终形成了 (不是没有实质性的, 也不是完全消除的阻力) 这样的观点, 也就是物理学应该揭示所观察现象背后的数学定律, 而不应该对所涉及的物体的性质进行假设, 并在此提出它对现实的主张.

点是 "一个通用术语 · · · · · · 它允许各种不同的确定方式", 即可以用不同的方式指定, 可以假设不同的值. 这个概念构成流形, 其可能的值给出了这个流形的点或元素. 在离散情况下, 流形由可以计数的元素组成 (现代术语), 这将是一个离散集 (不需要进一步解释). 然而, 连续情况构成了论文中的基本概念, 其中的值不断变化, 并且各部分可以测量. 这些值可以有多个独立的自由度, 它们的数目 n 就是流形的维数. 根据黎曼的叙述, 这样的例子现实生活中只有少数几个, 只有感官对象的位置 (也就是说, 点在感觉空间中的可能位置, 哪个有三个自由度的三维空间) 和颜色 (这里, 自由度的确定不再那么明显). 黎曼的一个重要观点是流形概念在高等数学中的相关性. 例如, 黎曼通过用一分支覆盖面给出了一个多值函数的几何解释 (即所谓的黎曼曲面), 彻底改造和革新了整个复分析领域和椭圆积分理论. 这使得对分析、几何和代数等方面的概念综合成为可能, 直到今天, 这决定性地塑造了数学的进一步发展[①]. 流形的概念并不意味着度量的任何确定, 因此不可能独立于它们的位置来比较几何量 (流形中的对象、流形的子集). 所以, 几何量最初只能在其中一个是另一个的一部分时进行比较, 即使这样, 我们也只能说第一个比另一个小, 但我们不能确定它小多少. 没有测量的概念, 只有包含的关系; 这就产生了点集拓扑学, 它是数学的一个分支, 在 20 世纪数学中占有基础性地位. 黎曼已经认识到这些概念在不同数学领域中的重要性, 并以多值解析函数为例. 然而, 流形的概念比前面论述的看来要微妙得多. 一个点在一个 n 维流形中的位置是通过指定它的坐标来描述的. 人们可能会首先想到或者用三维欧几里得空间中的笛卡儿坐标来表示, 其中一个点在空间中的位置是由三个实数来描述的, 它们分别位于三个相互正交的坐标轴上. 但重要的是要认识到, 这里隐藏了一些任意约定, 并使用了附加的结构. 首先, 欧几里得空间并不包含那个与众不同的零点, 即作为三个笛卡儿坐标系的交点的坐标原点. 所以确定坐标系时, 这个原点必须任意选择. 如果原点的选择不同, 空间中同一点的坐标也会不同. 同样地, 由于坐标轴应该互相垂直, 这三个坐标方向只受正交性的限制, 其他方面都是任意的. 另一种方向的选择将再次给出空间中同一点的不同坐标值. 在每个坐标轴上选择一个单位, 即比例尺, 只是一种惯例. 最后, 要求坐标轴垂直是基于测量角度的可能性. 因此, 在这里, 一度量结构 (测量的可能性) 被画进了这幅图像之中, 正如黎曼指出的, 但它还没有包含在流形的概念中. 如果不假设任何角度的测量, 我们只能指定三个坐标轴指向不同的方向. 同样, 坐标轴应该是直的这一事实, 也假定了一种直线的概念, 这种概念并不包含在流形的概念中.

　　再举一个有启发性的例子: 地球表面是一个二维流形, 它可以用一个球面以理想的形式表示. 在这个球面上, 点的位置可以由指定经度和纬度来确定. 经度和

① 有关现代介绍, 请参见: Jost J. Compact Riemann Surfaces. An Introduction to Contemporary Mathematics, Berlin, Heidelberg, 2006.

纬度是它的坐标. 纬度不变的曲线是与两极距离不变的曲线, 子午圈大圆穿过两极.
根据惯例, 零子午线被确定为通过英国格林尼治的子午线. 不仅如此, 极点在球面
上的位置也是一个约定 (在地球上, 极点不是一个几何学上的概念, 而是运动学上
的概念, 即约定为地球与其旋转轴的交点). 作为大圆的概念, 两极之间的距离 (这
是由球面上的最短路径沿着大圆运行这一事实决定的) 反过来又需要测量的可能
性, 因此, 这并不是从流形概念中产生出来的.

　　因此, 坐标是描述流形中点的位置的一种方便的方法, 但需要附加的任意规则
和约定. 流形上的点与任何坐标的选择无关. 因此它们可以用不同的坐标系来描述.
这就产生了一个问题. 如果坐标的选择是任意的, 可以在不同的描述之间任意转换,
如果相同的对象以完全不同的方式呈现, 根据描述, 似乎所有不变的内容都丢失了.
然而, 黎曼几何解决了这个问题. 对象以特定的方式在给定的描述中表示自己, 但
是当更改描述时, 该表示将根据特定的规则进行转换. 因此, 组成对象的不是它的
坐标描述, 而是当坐标描述改变时它所经历的转换规则. 这就是爱因斯坦广义相对
论的基本原理, 即物理定律是独立于具体的坐标描述的, 即它们在坐标变化下按照
固定的规则变换. 这就是广义协变性原理 (不是不变性, 因为表示形式不是不变性
的), 它的普遍性解释了这个理论的名称. 物理现象是相对的, 因为它们依赖于参考
系统的选择, 但在向另一个参考系统的转换下满足一般的转换规则.

　　如果一切都取决于 (坐标) 描述的选择, 那么流形的维数 n 甚至也可能取决
于坐标的选择. 这个数字 n 是指给定流形中的点所至少需要的那些坐标值的数目.
这意味着我们能独立地选择坐标, 使得所有的坐标值都不能作为同一点的其他坐
标值的函数来计算, 因为那些坐标值可以由其他坐标值确定的坐标是多余的, 因而
可以省略, 而不影响对点的完全确定. 布劳威尔 (Luitzen Egbertus Jan Brouwer,
1881 —1966) 指出, 这种要求独立坐标的最小数量已经确定了流形的维数 n. 因此,
流形的维数与坐标的选择无关[1]. 黎曼归纳地确定了这个维数. 通过增加一个额外
的自由度, 从一个 n-维可延展流形可以得到一个 $(n+1)$-维可延展流形, 就像我们
可以通过增加一个维度从二维欧几里得平面过渡到三维欧几里得空间一样. 相反,
当在 n-维流形上指定一个连续函数时, 我们得到 $(n-1)$-维流形作为它的水平集,
也就是说, 是函数在其上取一个固定值的子集. 相反地, 如果不断地改变这个值, 它
会作为 $(n-1)$-维流形的单参数族而生成原来的 n-维流形. (黎曼指出, 在这一过程
中, 一般遇到维数小于 $n-1$ 的特殊奇异集, 因为 n 维流形上连续函数的水平集不
一定都是 $(n-1)$-维流形. 例如, 二维球面上的等纬度曲线, 即到北极等距离的水平
集, 收缩到极点处的点, 从而失去一个维度. 更详细地研究这种奇异性与底层流形
的全局拓扑之间的关系, 已成为 20 世纪数学的一个重要分支.)

---

[1] Brouwer E J. Beweis der Invarianz der Dimensionszahl. Math. Annalen, 1911, 70: 161-165.

黎曼还提供了无限维流形的可能性, 例如, 在给定区域上的所有函数构成的流形. 这样一个函数有无穷多个自由度, 也就是它在该区域的无穷多个点上的取值 (有无穷多个自由度). 这就指向了 20 世纪数学的另一个重要研究分支 —— 泛函分析.

在我们解释黎曼度规的概念之前, 我们想再次用高斯分析过的三维空间曲面的例子来说明这个问题.

如前所述, 流形只描述点的毗邻 (juxtaposition). 然而, 流形的概念限制了这种毗邻, 因为要求它可以通过坐标局部映射到笛卡儿空间中的一个区域上. 除了维数之外 (维度的概念不需要进一步确定, 而是任意的), 从一个坐标系到另一个坐标系的转换只需要保证连续性条件. 然而, 从全局来看, 流形具有拓扑结构, 这种拓扑结构 (除了在此为平凡的情况外) 阻碍了整个流形能被单一的坐标系 (也称为图册) 所覆盖. 球面就是一个二维流形的清晰且易于观察的例子. 它的一部分可以用坐标系统表示, 就像我们已经解释过的地球表面地图集的地图或图册一样. 然而, 整个球面却不能这样表示. 因此, 在制图学中, 人们使用的是地球仪而不是地图集的地图. 人们只能从不同的图表中组合出整个表面, 但不能在一张图表中得到它. 这些仍然是纯拓扑方面的. 这同样适用于同一拓扑类型的任何其他曲面, 即所有没有孔的封闭曲面, 例如椭球体或卵形面. 同样, 不同拓扑类型的封闭表面, 例如环形表面, 即圆形管的表面, 或椒盐脆饼的表面, 也不能用一个图表表示. 这里的情况比球面更复杂. 一个重要的观点 (这也是黎曼考虑的结果, 不仅在几何, 而且也在复分析和椭圆积分等领域, 这导致了后来的黎曼曲面理论) 是流形的概念已经包括定性的位置关系, 因此, 也包括了不同的流形可以用不同的位置关系来区分的观点. 一个重要的例子可以说明这一点: 在欧几里得平面或球面上的一条闭合曲线将该曲面分成两部分; 在欧几里得平面上, 这两部分也可以彼此区分为曲线的内部和外部两个部分. 然而, 在环形表面上, 存在闭合曲线 (如绕一圈的生成曲线), 这条曲线就并非如此, 即它们不能把表面分成两个部分. 在黎曼之后, 这是通过所谓的环形表面的连通性不同于球体或平面的连通性来表示的. 这种定性关系, 可以在拓扑上区分环形曲面和球面.

这与度规无关. 然而, 如果不考虑定量测量的可能性, 例如作为纯粹拓扑对象的球面和椭球形曲面就无法彼此区分, 因为它们可以以可逆的方式相互映射. 特别地, 它们有相同的连通性. 一个球面和一个椭球面不能在拓扑上区分开来, 这可能在直觉上难以理解, 因为我们总是把它们看作度量对象. 在三维欧几里得空间中的可视化而不是作为抽象的对象, 它们总是带有一个度规, 一个由环绕的欧几里得空间所诱导的度规. 我们可以测量欧几里得空间中曲线的长度, 也可以测量欧几里得空间中曲面上曲线的长度. 那么, 曲面上两点之间的距离就是曲面上连接这两点的所有曲线中最短的可能长度. 我们只考虑完全在曲面上运动的曲线, 这一事实使得曲面上的两点之间的距离大于在欧几里得空间中测量的距离, 这在欧几里得空间中没有对连接曲线施加 (曲面上连接这两点的曲线) 这样的约束. 在欧几里得空间中, 我们可以用一条直线段来连接这两个点, 它的长度就是欧几里得距离. 由于线段一般不位于曲面上, 所以曲面上的距离更大, 因为在曲面上, 这两个点只通过比欧几里得线段更长的曲线相互连接.

在这里插入之后, 希望对几何直观有所帮助, 现在我们来看黎曼论文的第二部分. 只有通过对黎曼的概念分析, 我们才能充分理解上面关于空间曲面的论述, 因为黎曼完全从一个曲面可能位于欧几里得空间这一事实中抽象出来[①], 所以他的论述准确而又有些自相矛盾. 这当然是建立在高斯已经采用的外在几何学和内蕴几何学的区别之上的. 只有外在几何学考虑曲面在空间中的位置, 而内蕴几何学只考虑曲面本身上的度量关系.

黎曼论文的第二部分现在以一种更抽象的方式处理一个 n 维流形所能配置的度量关系. 后来的数学将发展为度量空间的一般概念, 即度量空间是这样的一个集合, 其中任意两点 P 和 Q 之间的距离为 $d(P,Q)$ 都是可以测量的. 如果 P 和 Q 不同, 这个距离应该总是正的; 而且关于 P 和 Q 是对称的, 即 $d(P,Q) = d(Q,P)$; 最后是三角形不等式 $d(P,Q) \leqslant d(P,R) + d(R,Q)$ 对任意三点 P,Q,R 都成立. 三角形不等式表明, 如果插入一个中间点, 距离不会减小. 这是对一般距离概念的一种公理化的描述. 然而, 黎曼的研究却有所不同, 他提出了一个后来被命名为黎曼度规的概念. 他通过测量曲线的长度得到了距离概念. 如果可以测量曲线的长度, 那么两点之间的距离就是连接它们的最短曲线的长度[②] (在欧几里得空间中, 这是连接两个点的直线; 在一般黎曼空间中, 这叫做测地线[③]). 因此, 黎曼关于距离的概念是一个导出的概念, 关于确定曲线长度的假设导出黎曼的度量概念. 长度确定的可能性自然意味着每条曲线都可以彼此测量, 也就是说, 长度尺度可以在不改变其长度的情况下在流形中转换. 因此, 曲线被认为是一维物体, 因此长度尺度也是一维物体, 而不是刚体. 亥姆霍兹后来要求把刚体的自由移动作为一个基本的几何事实. 这必然导致比黎曼方法更具体的几何形式. 更准确地说, 它意味着一个 n 维空间, 其中一个 n 维刚体自由运动, 必然是一个常曲率黎曼流形. 根据黎曼的理论, 这实际上已经遵循了二维图形在不允许拉伸、压缩或扭曲的条件下可以自由移动

---

① 高斯还顺便指出了一个事实, 德语与拉丁语形成了鲜明的对比, 拉丁语中只有 "superficies" 一词, 而在西欧语言中, 只有派生词 "surface", 区分 "Fläche" (二维流形) 和 "Oberfläche" (包围三维物体的表面). (Gauss 给 Schumacher 的信, 07/31/1836 (*Gesammelte Werke*, Vol. 3, pp. 164f) 和 03.09.1842 (Collected Works, Vol 4, pp. 83f). 我感谢 Rüdiger Thiele 对这个问题的观察.) 对于高斯曲面理论来说当然是必不可少的, 因为, 特别是, 他可以谈论曲面的弯曲而不用同时考虑物体的变形.

② 准确的数学表述: 它不遵循一般的概念, 它总是在这样的情况下, 对于流形上的每两个点配备黎曼度量, 它们之间存在最短的连接. 假设存在一个连接 (即流形是道路连通的), 则可以将距离定义为所有连接曲线长度的极小值.

③ 这个名字表明了现代微分几何的起源, 出现在高斯的研究 "专题论文" (Disquisitiones, loc. cit.), 大地测量.

的假设. 下面将解释黎曼曲率的概念, 但关键的一点是, 一般黎曼流形的曲率可以在点与点之间以及曲面方向与方向之间变化. 因此, 黎曼的方法比亥姆霍兹的方法要普遍得多. 最初这可能被视为一种不利因素, 因为亥姆霍兹与黎曼不同, 他设法完全根据经验事实来确定物理空间的结构 (静止自由曲率常数原则上也可以由测地三角形各角之和经验地确定), 而一般黎曼空间有许多偶然的自由度. 然而, 事实证明, 这正是广义相对论所需要的结构. 在这个理论中, 空间的曲率是由爱因斯坦方程通过位于空间中的质量的引力来确定的, 反过来, 黎曼结构中可用的自由度是确保引力可以展开所必需的.

因此, 黎曼方法是基于不变量长度测量的可能性. 然而, 在他看来, 这似乎太笼统了 (尽管数学后来研究了这种普遍性的结构), 因此他正在寻找有意义的附加要求. 第一个要求是长度测量被简化为无穷小的测量, 这样就可以测量无穷小曲线元素的长度 (称为切向量), 然后通过沿着曲线积分这些无穷小长度来计算连续可微曲线的长度. 黎曼的概念在数学分析的框架下, 即微分学和积分学中找到了它的自然地位①.

我们想用不同的方式来表达这一点: 一条曲线把两点连接起来, 最终要计算的是两点之间的距离. 我们的分析从考虑曲线上每一点的方向 (即切向量方向) 开始, 并确定后者的长度来进行. 对曲线上所有点上这些无穷小的长度求和 (积分), 就得到了它的长度. 这大大简化了任务, 因为我们现在要考虑的不是两个点, 而只需要考虑一点和该点的方向元素 (切线). 于是, 黎曼度规就成为解决这一任务的方案, 根据这一方案在一点的一个方向元 (切向量) 的长度就确定了. 所以在度规中有两种不同类型的变量, 流形的点和这些点的方向元素. 度规对流形上的点的依赖关系是任意的②—— 这就是黎曼概念的普遍性. 然而, 黎曼要求度规作为方向元的函数是线性齐次的. 这意味着, 当所讨论的方向元素被某个因子拉伸或压缩时, 它的长度会改变相同的因子. 此外, 当方向相反时, 长度不应该改变, 因为曲线的长度不能依赖于它所经过的方向. 即使在这些限制条件下, 仍然有几种可能, 黎曼选择了最简单的, 即长度是二次表达式在可能的位移方向上的平方根③. 黎曼这样解释这个选择: 在流形的一个给定点 P 上, 我们希望有一个函数可以重现到 P 的距离. 这个函数应该是可微的. 由于所有其他点与 P 的距离都是正的, 因此必须假设函数在 P 点的最小值为 0. 根据微积分的规则, 因此它的一阶导数必须在 P 点消失 (即为零). 此外, 二阶导数必须是非负的, 黎曼假设它们是正的. 在第一次近似中, 所要

① Lie 稍后将批评这种方法不适合公理目的, 因为它不是基本的. 请参阅下面的: on Lie's reworking of Helmholtz's approach.

② 除了它的分量必须是可微函数 (虽然黎曼没有明确说明精确的可微性假设, 但对于黎曼曲率张量的计算, 关于流形上点的度规的二阶导数要求还是需要的).

③ 在芬斯勒的哥廷根论文: *Über Kurven und Flächen in allgemeinen Räumen*, 1918. 研究并发展了这一普遍情况, 他由此开创了芬斯勒几何的研究领域.

求的函数在 P 处是二次的, 即它本质上是从 P 出发的距离的平方. 因此距离本身就是这个二次函数的平方根.

在可能的位移方向上, 长度元素必须由一个二次表达式的平方根得到, 这一要求的结果是, 无穷小地应用了毕达哥拉斯定理, 从而应用了欧几里得几何规则. (这就提出了一个问题, 即在黎曼理论的背景下, 欧几里得几何结果是否具有特殊的地位. 特别地, 用这种方法描述了非欧几里得几何. 在微分几何的进一步发展中, 发现了 (可微) 流形上各点的切空间都具有线性结构的表达式, 这又应用了线性代数方法. 因此, 黎曼流形的切空间也具有欧几里得度量结构. 一点上的切空间表示几何的无穷小方面, 因此它是一个近似描述局部几何的工具. 因此, 欧几里得几何可以很好地承担这种近似描述局部黎曼几何的任务, 因为它建立在笛卡儿空间的线性结构之上; 这是赫尔曼·格拉斯曼 (Hermann Grassmann) 所发展的. 欧几里得几何是一种有用的描述工具, 但这并不意味着它的概念优先于其他几何. 黎曼本人甚至没有提到欧几里得结构, 而是把这种近似的可能性称为最小部分的平坦性.) 这种偏离欧几里得几何的现象只在从一个点移动到另一个点时才会出现, 并通过度量对流形上点的依赖关系得到了它的解析表达式.

接着, 黎曼考察了这种依赖关系存在的自由度的多少.

在每个点上, 独立的位移方向与流形的维数 n 相同. 这样共有 $\frac{n(n+1)}{2}$ 个不同方向的乘积 (因为乘积与因子的顺序无关). 通过对 n 个坐标的变换, 我们可以在它们之间产生 n 个关系 (其中 n 个自由度来自坐标的选择, 因此不包含与坐标无关的度量结构信息). 因此, 剩下 $\frac{n(n+1)}{2} - n = \frac{n(n-1)}{2}$ 个自由度, 这些自由度表征了流形的度量结构. 黎曼用曲率数量来确定这些自由度, 得到流形上度量结构的几何描述. 这些曲率值是由关于流形上点的度规张量的二阶导数计算出来的. 它们表示黎曼流形的不变量, 因此坐标是独立的量. 相反, 从度规的一阶导数不能得到不变量.

如果坐标可以任意选择, 也可以用最方便的方式选择. 这意味着坐标可以被构造成使得其中的几何关系以一种特别简单的方式表达, 或者以最清晰的方式表达. 黎曼充分利用了这一点, 引入了特殊坐标, 这些特殊坐标后来被称为法坐标系, 这在几何张量微积分中已经成为一个非常有用的工具. 在这些坐标中, 从任意选择的参考点 P 开始, 在它附近的另一个点 Q 的位置由 P 到它的距离、方向则由 P 到 Q 点的最短路径在 P 点上的方向来描述. 在欧几里得空间中, 这提供了众所周知的极坐标, 在黎曼空间中参考点 P 的第一次近似中度规看起来像欧几里得度规. 一般来说, 这只对 P 点是成立的, 但是因为我们可以在每个点上执行这个构造, 这对于预定的目标来讲就足够了.

那么, 为什么黎曼选择的坐标具有如此好的性质呢? 这首先建立在这样一个事实上, 在一维中, 欧几里得几何和黎曼几何没有区别. 每条带有度量的曲线本身与欧几里得直线没有什么区别. 通过选择合适的坐标, 可以将曲线转化为欧几里得形式. 要做到这一点, 只需一致地选择适合于测量的坐标, 即使曲线上相等的距离对应于相同的坐标差. 当我们把坐标值的通过看作是穿过曲线时, 曲线就以恒定的速度穿过, 因为沿曲线测量的长度与在坐标中测量的时间之比保持不变. 因此, 除了长度之外, 曲线本身没有几何不变量. 因此, 曲线的内在几何形状彼此没有区别, 但是同一段曲线只能用不同的坐标或参数来描述. 在高斯和黎曼的意义上, 几何的目标是展示与所选择的描述无关的对象的几何特性.

正如所解释的, 在一维中, 曲线和欧几里得直线之间没有本质上的区别, 这也适用于从 P 到 Q 的最短路径, 即所谓的黎曼流形中的测地线. 因此, 这条曲线的唯一坐标就是它的长度, 即 P 和 Q 之间的距离. 这条曲线不是任意的, 而是测地线, 即最短的连线. 就像欧几里得平面上的一条直线, 它在流形上没有任何横向偏移, 而是直接从 P 转向它的目标 Q. 因此, 它像欧几里得平面上的一条直线一样位于流形中. 这里, 如果我们离开曲线的内部几何结构, 考虑它在环绕于流形中的位置, 在一阶的近似中, 我们不能发现与欧几里得情形的任何区别. 为了检测差异从而获得不变量, 我们必须转移到二维的情况, 即一张曲面上. 根据上面提到的高斯的洞见和发现, 黎曼在这里指的是, 我们知道一个曲面无论其在外部环绕空间中的位置如何, 都具有一个内在的几何不变量, 即它的 (高斯) 曲率. 现在, 黎曼的思想是从流形中不同曲面的固有曲率出发, 在 P 点上构造流形的一组完整的几何不变量. 利用上面讨论过的坐标可以得到这些曲面. 为此, 他考虑了所有由 P 发出的测地线组成的曲面, 这些曲面在 P 点的方向位于同一平面上. 每一个在 P 处的无穷小平面, 即 P 中两个相互独立的坐标方向的选择, 都会在流形中产生一个曲面. 这些曲面的曲率, 称为截面曲率, 在 P 点的曲率, 决定了流形在这一点的几何形状. 现在, 在 n 维空间中有 $\frac{n(n-1)}{2}$ 个独立的平面方向, 因此, 为了确定流形的几何形状, 黎曼以一种独特的、非冗余的方式得到精确的不变量数.

也可以从几何上想象如下: 除了 P, 我们考虑的不只是另一个点 Q, 还有另外两个点 Q 和 R, 它们与 P 的距离相同, 从 P 到 Q 和 R 都以最短线段连接. 然后我们还可以检验 Q 和 R 之间的距离. 如果改变到 P 的公共距离, 也就是说, 改变点 Q 和 R, 但保持它们与 P 的方向不变, 那么在欧几里得几何中, Q 和 R 之间的距离正比于它们到 P 点的距离. 在曲面上, 结论不再成立. 在正曲率的情况下, 这个距离以较低的速度增长; 而在负曲率的情况下, 这个距离增长得更快 (甚至呈指数级增长). 在正曲率的情况下, 测地线不像欧几里得直线那样以线性速度分开, 而是像球面上的大圆一样最终连在一起, 而它们在负曲率下呈指数级发散. 在面积与欧几里得参考对象的比较中, 曲率也表现出来. 在某些黎曼流形中, 将由 P 出发向

外辐射的距离为 r 的测地线构成的半径为 r 的圆盘作为曲面, 初始方向在一个固定平面上. 这个曲面的面积与半径相同的欧几里得圆盘的面积不同, 也就是说, 与面积 πr^2 的差值, 是由一个四阶修正项决定的, 它与这个曲面在 P 点平面方向上的曲率成正比.

为了更好地理解这个问题和曲率的几何意义, 现在我们将介绍一个概念, 这一概念不是在黎曼的论文中, 而是在克里斯托弗尔、里奇和列维 - 奇维塔 (Levi-Civita, 1873 —1941) 他们进一步阐述和发展的黎曼的理论中. 这就是平行移动的概念[①]. 在欧几里得空间中, 我们可以把 A 点的方向和 B 点的平行方向确定下来, 因为根据欧几里得相应的假设或公理, 对于 A 点的每个方向, B 点上只有一个方向与之平行. 通过平行性的概念, 我们得到了两个不同点的方向之间的自然对应关系. 因此, 可以很容易地识别出 A 处的无穷小几何, 由 A 中的不同方向给出在 B 处的无穷小几何. 如果我们把 B 点的几何图形和 C 点的几何图形结合起来, 最后, 在 C 点又反过来和 A 点结合, 我们又恢复到了原来 A 点的几何形状. 从这个意义上说, 如果我们移动一个特定的方向, 从 A 到 B, 然后到 C, 最后回到 A, 我们又得到了初始的 A 点的方向, 而不是 A 点的另一个方向. 现在, 欧几里得平行公设不再适用于黎曼流形, 也就是在点 P 指定的方向, 我们不能再明确地指定另一个点 Q 的平行方向, 使从相应方向出发的测地线在合适的意义下彼此平行. (平行性在这里可能意味着, 正如在讨论非欧几里得几何时一样, 所讨论的测地线并不相交; 但是, 根据黎曼流形的特定结构, 可能不存在或存在无穷多个这样的平行线.) 因此, 在黎曼流形中, 不同点 P 和 Q 的几何情况不可能直接比较. 事实上, 这并不奇怪, 因为 P 和 Q 之间的任何关系都应该以某种方式依赖于它们之间的点. 这与物理学中两点之间的瞬时作用在牛顿物理学中的假设是一样的, 但在概念上却不尽人意, 因此在法拉第、麦克斯韦和爱因斯坦的理论中被场的概念所取代. 然而, 最初在效应通过场的物理传递和沿着连接两点之间最短线段的几何移动这两者之间还是有很大区别的. 在一个场中, 效应从 P 向四面八方扩散, 因此在所有可能的路径上也能到达点 Q, 而平行移动过程将沿着特定的路径进行. 在现代物理学中, 这两个概念后来实现了综合, 这在费曼路径积分法中表现得尤为明显.

从这个意义上讲, 为了消除或更好地从一个无穷小的概念推导出来 (黎曼理论中不同点之间的大小量级比较对他而言是没有兴趣的), 从而发展出一种始终只基

[①] 一个相应发展的历史性处理可以在下面找到, U. Bottazzini, *Ricci and Levi-Civita: from differential invariants to general relativity*. In: J. J. Gray (Hrsg.), *The Symbolic Universe: Geometry and Physics,* 1890-1930, Oxford Univ. Press, 1999.

于无穷小概念和运算的黎曼几何, 外尔[①]接受了由列维–齐维塔提出的平行移动的概念并对其进行了推广. 通过所谓的仿射联络, 可以比较不同点的几何关系, 如果这种联络符合度规, 那么甚至可以比较大小. 因此, 不再有远距离的比较, 而是通过沿着曲线积分无穷小的比较得到的.

因此, 为了解释黎曼流形中的平行移动, 我们再次考虑欧几里得情形, 但现在是在无穷小的观点下. 为此, 我们用一条直线 g 把 A 点和 B 点连接起来. 沿着 g 就有了一个明确的方向, 即它自己的方向. 我们可以确定 g 在 A 点的初始方向和它在 B 点的最终方向. 这是显而易见的, 但关键的见解是现在我们可以使用这个方向作为参考方向. 事实上, 我们可以从 A 点的任意一个方向 (任意向量)v 沿着 g 移动到 B 处的某个方向, 要求在移动的过程中, v 的长度和 v 与 g 方向的夹角始终保持不变, 并且在这个移动过程中 v 也不绕 g 旋转. 原则上, 这个移动过程甚至可以表现为沿着 A 和 B 之间的任何曲线, 不仅沿着直线 g, 而且很明显的, 同一个向量从 A 到 B 的移动结果将取决于曲线在 B 处的最终方向. 直线与其他曲线的区别在于, 直线沿着它自己的方向保持平行, 因为直线不偏离它自己的方向.

这个无穷小的移动原理现在可以推广到黎曼流形上. 用 (或更精确地说) 一条 (因为可能有几个) 最短测地线 c 来连接问题中的点 P 和 Q. 同样地, 我们使用这条曲线的自身方向 (切向) 作为参考方向, 然后将其他切向从 P 移动到 Q, 规定它们的长度以及与曲线 c 的切向的夹角保持不变, 并且它们也不能绕曲线 c 旋转. 像欧几里得直线 (由于这个性质, 它代表了欧几里得直线的泛化), 黎曼流形中的测地线区别于其他曲线的一个重要事实在于它不偏离自己的方向, 否则它会绕行而失去最短的性质. 通过这种方法, 给出了黎曼流形中平行移动的概念. 然而, 现在平行移动的结果一般取决于连接曲线的选择, 因为以球体上连接北极和南极的不同大圆为例, 表明可能存在不止一个这样的连接.

与欧几里得情形的主要区别在于从 P 到 Q, 然后从 Q 到 R, 最后又从 R 回到 P, 当我们回到 P 点时, 最终的结果, 通常会和开始时的出发点 P 的方向不同. 这一结果也依赖于 Q 和 R 两点以及连接的测地线. 更简单地说就是, 结果取决于返回起点之前所经过的路径. 结果表明, 这种平行移动的路径依赖关系可以用黎曼曲率来度量.

[①] Hermann Weyl, *Reine Infinitesimalgeometrie*, Math. Zeitschrift 2, 384-411, 1918; 同样的有 *Gravitation und Elektrizität*, Sitzungsber. Kgl.-Preuß. Akad. Wiss. 1918, 465-480; ders., Raum, Zeit, Materie, Berlin, Julius Springer, 1918; 7th ed. (ed. Jürgen Ehlers), Berlin, Springer, 1988; 第四版的英文译本是 Hermann Weyl, *Space, time, matter*, Mineola NY, Dover, 1952. 为此, 参看 Erhard Scholz (ed.), *Hermann Weyl's RAUM-ZEIT-MATERIE and a General Introduction to His Scientic Work*. Basel, Birkhäuser, 2001. 联络概念的进一步发展是由 Elie Cartan, Charles Ehresmann, s. Charles Ehresmann, *Les connexions infinitésimales dans un espace fibré différentiable*. Colloque de Topologie, Bruxelles, 29-55, Liège, Thone, 1951.

通过这些建构, 我们也可以解释为什么黎曼度规只有二阶导数可以提供几何不变量 (曲率由二阶导数计算) 而不是一阶导数. 一阶导数指的是点与点之间的变化, 也就是说, 当一个度规从 P 运行到 Q 时, 度规是如何变化的. 但是现在, 正如我们已经分析过的, 两个不同点的几何关系之间的关系不是不变的, 而是必须通过附加的结构, 如平行移动来建立. 这也反映在坐标选择的自由上. 不同点的坐标之间不存在需要服从的相关性, 也不存在不变的关系, 但不同点的几何关系可以在坐标中独立描述. 当然, 另一方面, 一点上的几何关系可以和它们自己进行比较, 就像在沿着闭合三角形的平行移动中, 我们可以把最终结果和初始状态进行比较. 在无穷小情况下, 沿闭合路径返回到某一点可以用二阶导数表示. 这样, 由度规的二阶导数计算出的曲率就提供了几何不变量, 正如黎曼通过计算可用自由度得出的结论, 如上所述, 我们就得到了黎曼度规的所有不变量.

在这一点上, 很自然有下面的考虑: 在几何公理基础中, 也可以直接从平行移动的概念开始, 而不需要度量. 然后, 平行移动将仅仅是一个规则, 用来识别沿着并依赖于连接曲线的流形上两个不同点的方向, 并依赖于具有一定一致性要求的连接曲线, 这就引出了公理. 这种概念也称为联络 (connection), 因为它在流形的各个点之间建立了联系. 特别是, 一个联络允许对测地线有一种新的不依赖于度量的定义, 即那些沿其自身方向始终保持平行的曲线. 在这种背景下, 康德的评论以一种令人惊讶的新视角出现, 他通过这种视角支持了他的观点, 即直线 (在欧几里得空间中) 是它们端点之间最短的连接, 构成一个 "先天综合判断" 的例子: "因为我的直线概念里没有数量, 只有质量. 因此, 最短的概念完全是附加在直线上的, 而且用任何分析的方法都不能从直线的概念中提取出来的. "[1]

然而, 直线性和最短性之间的概念对比早在康德之前就已经讨论过了, 在古典时期, 欧几里得和阿基米德就提出了直线通过内部质量或外部度量的两种定义可能性. 然后莱布尼茨详细分析了直线的各种测定 (determinations), 并得出了重要的见解, 然而, 由于没有系统地发表, 这些见解没能影响后来的发展.[2]用数学术语来说, 事实如下: 正如关联公理化概念所示, 直线 (在测地线意义上) 的概念可以由一个纯粹的无穷小概念引入, 它的切线方向的自平行性, 不依赖于距离和最短的性质. 反之, 黎曼流形中的曲线在自平行意义上是测地线的条件也可以从它表示任意两点之间最短连接的要求中得到. 只是测地线和自平行性这两个概念 —— 平直度和最短属性必须匹配 —— 没有普遍的原因. 因为联络的概念的设计是这样的: 它不是来自度量, 因此, 在特定的情况下, 它不需要来自度量. 度量和联络是逻辑上独

① Immanuel Kant, *Critique of Pure Reason*, loc. cit., B16 (pp.145). 有人批评这个论点, 例如, G. F. W. Hegel, *Wissenschaft der Logik*, I, pp. 239f. Frankfurt edition, Suhrkamp, 1986.

② 有关莱布尼茨推理的详细说明, 请参阅 V. De Risi, *Geometry and Monadology*. Leibniz's Analysis Situs und Philosophy of Space, Basel, Birkhäuser, 2007.

立的概念. 虽然一个度量定义了一个特定的联络 (所谓的列维-奇维塔联络), 对于这个联络, 平行移动保持度量关系不变, 但是, 在给定的流形上, 也可以引入其他联络, 这些联络满足这个概念所需的所有公理, 但不考虑度量条件. 这种联络的测地线不再具有最短的性质.

这个题外话之后, 我们希望这将有助于更全面的理解, 现在回到黎曼的考虑.

作为一个平坦的流形, 黎曼指的是曲率处处为零的流形. 然而, 在这一点上, 他避开谈论欧几里得结构, 可能是因为他没有注意到关于非欧几里得几何的讨论. 相反, 他将零曲率 (消失) 流形作为一类更大的常曲率流形的一个类别. (高斯、波尔约和罗巴切夫斯基的非欧几里得几何只是常负曲率的黎曼几何, 而常正曲率几何描述的是通过对极点的恒同映射及其高维类似物而得到的球面和射影面. 尤其值得一提的是, 黎曼显然对当代的争论一无所知[①], 他以自己的方式得到了非欧几里得空间. 虽然这些空间为它们的创造者提供了欧几里得空间的替代品, 而欧几里得空间只是简单地存在于它们自己之中, 但对黎曼来说, 它们是一种更为普遍的特殊情况, 适用于一般度量条件的理论, 适用于任意维度.) 然后, 黎曼得出结论, 这些常曲率空间正是那些图形可以不失真地移动的空间. 由于不同曲率的曲面内部几何关系不同, 因此在这一点上的任何点和任何二维方向上的曲率必须相同, 以便图形在空间中自由移动和旋转而不受任何扭曲. 但另一方面, 根据黎曼的考虑, 几何完全由曲率决定, 因此一个常曲率空间的几何在每个点和每个方向上都必须是相同的. 因此, 在这样的空间中, 图形不会因为位置的不同而感到有什么不同, 因此可以自由移动. (相反, 物体的自由移动是亥姆霍兹几何思想的出发点, 他在不了解黎曼理论的情况下, 从一开始就进行了几何思想的研究, 并由此得到了常曲率空间.) 黎曼还提供了常曲率 a 的度规的公式, 顺便说一句, 这是他文章中唯一的数学公式. 最后, 黎曼引入几何模型对曲面 (即常曲率的二维空间) 进行可视化.

在演讲的第三部分, 也是最后一部分, 黎曼把他的思想转向了物理空间. 一个平直空间的特点是其曲率到处都为零 (消失), 这一事实相当于任何三角形的内角和就是 $\pi(180°)$. 在假设物体的形状与它们的位置无关的前提下, 这里黎曼将其归因于欧几里得, 曲率是常数, 而这就决定了三角形中角的和.

然后, 他区分了离散空间结构和连续空间结构, 在离散空间结构中, 原则上精确的确定是可能的, 而连续空间结构中, 每次测量都必然充满不确定性, 因此, 由

---

① 这个问题, 请参看 E. Scholz, *Riemanns frühe Notizen*, 如第 26 页脚注 48 所引. 黎曼提到勒让德 (可能指的是来自勒让德) 的陈述, 即不使用欧几里得平行公设可能推断出另一个公理, 其中三角形的内角和不能超过 180°, 如果有一个三角形, 三角之和是 180°, 这也适用于其他所有三角形. (后者是欧几里得的情况下, 在非欧几里得的几何学, 在每个三角形角之和总是少于 180°)Legendre 的这些论断是非欧几里得几何的先驱之一, 正如 Scholz 所言, 只有当黎曼不知道非欧几里得几何的有关著作时, 才能理解黎曼提到勒让德的事实.

于原则上的原因, 不可能完全精确地确定度规结构. 他还指出了无界性和无限性延展这两个重要概念之间的区别. 前者仅仅意味着空间没有边界. 特别地, 球面是二维空间的一个例子, 虽然是有限的, 但是是无界的. (今天, 人们把这样的流形称为封闭的.) 无界性是一种纯拓扑性质, 与度量结构无关. 另一方面, 无限性 (即无限延伸) 是一个度规性质, 因为它意味着, 例如, 你可以从任意点移动任意大的距离.

最后一段是黎曼关于空间度量性质的物理成因的观点. 他在论文末尾的一个脚注中指出, 这一节仍然需要订正和进一步阐述. 因此, 虽然黎曼的思想在这里只是非常简短的概述, 但他直观地把握了 20 世纪物理学的重要方面. 一方面基于微积分的数学方法, 另一方面基于显微镜所开启的实验视角, 黎曼提出了一个空间尺度关系的问题, 称为不可测量的小尺度. 虽然物体 (即物理对象) 在空间位置的独立性要求空间的曲率的恒常性, 但是正如黎曼所指出的, 固体和光束的基本经验概念在无限小中似乎失去了其有效性, 所以几何假设也可能不再适用于这种情况. 一种可能性是空间最终在非常小的尺度上是离散的. 即使在现代物理学中, 这种情况是否以及在多大程度上仍然没有得到最终解决. 这就导致了量子引力的问题, 各种相互竞争的理论之间的争论还没有得出决定性的结论. 在任何情况下, 对于一个纯粹离散的结构, 我们发现自己处于计数的领域而不是测量的领域, 因此这里度量结构的外部证明问题不再对黎曼提出. 然而, 在连续空间结构的情况下, 根据黎曼的观点, 基本度量关系产生的原因必须在外部寻找, 即作用于其上的约束力. 因此, 黎曼认为空间只是一个没有任何附加结构的流形.[1]空间上黎曼度规的附加结构不是预先定义的, 而是由物理力决定的. 如果这些力改变了, 空间的度规性质也改变了. 物理不是在一个给定的度量空间中发生的, 而是由于空间结构影响物理进程的过程, 所以反过来, 物理力的作用也塑造着空间. 回想起来, 这就引出了爱因斯坦广义相对论的中心思想, 他在他的场方程中直接将空间的曲率与包含在其中的质量的引力联系起来, 即将力与空间曲率联系起来. 黎曼到底猜了多少, 这当然是一个困难的, 最终无法决定的解释问题. 然而, 不可否认的是, 黎曼在对空间结构进行新的概念分析的基础上, 对空间的度量结构与作用于空间或作用于空间上的物理力之间的关系, 即几何与物理之间必要的深层联系, 有着独到的直觉. 无论如何, 黎曼和他的后继者们都为广义相对论提供了数学基础.

如前所述, 黎曼的文本不需要或使用公式. 然而, 他仍能够实现提出概念以及算法的考虑. 他在 1861 年提交给巴黎科学院关于热传播的征奖论文中证明了这一点. 但是, 遗憾的是, 这篇论文并没有得到命运的眷顾. 因为没有提供所有证明的细节, 该奖项没有授予给黎曼的论文. 因此, 这部作品也是在黎曼的后继

---

① 这一立场被称为多重实在论, 结构实在论的一种特殊变体, 见 Stewart Shapiro, *Philosophy of mathematics,* Oxford, Oxford University Press, 2000.

者克里斯托费尔和利普希茨已经发展出类似的形式体系之后, 才在《论文集》①中发表的. 因此, 这项工作不能产生深远的影响. 在《论文集》第二版中, 编辑韦伯对此进行了广泛的评论. 理查德·戴德金甚至制定了一份更为详尽的阐述, 预计到一些后来的发展, 但同样也没有发表②.

---

① Commentatio mathematica, qua respondere tentatur quaestioni ab Illma Academia Parisiensi propositae: "Trouver quel doit être l'état calorifique d'un corps solide homogène indéfini pour qu' un système de courbes isothermes, à un instant donné, restent isothermes après un temps quelconque, de telle sorte que la température d'un point puisse s'exprimer en fonction du temps et de deux autres variables indépendantes", in *Gesammelte Werke*, 2nd ed., pp. 423-436, with detailed comments by the editor, ibid. pp. 437-455.

② 可以参看 M. A. Sinaceur, *Dedekind et le programme de Riemann*, Rev. Hist. Sci. 43, 221-294, 1990; 也可参见后面的讨论 Laugwitz, *Bernhard Riemann*.

第5章 黎曼论文的接受与影响

5.1 亥姆霍兹

对于理解黎曼的讲座及其重要性,将其与生理学家、物理学家赫尔曼·冯·亥姆霍兹 [1] 的推理进行比较尤为重要.

---

[1] 亥姆霍兹出生于 1821 年, 是一名学校教师的儿子. 由于经济原因, 他最初不得不作为一名军事外科医生, 但能够在柏林与他那个时代的领头解剖学家和生理学家约翰尼斯·穆勒(Johannes Müller, 1801—1858) 一起学习. 在深入研究神经脉冲的形成和传播速度的基础上, 写出了关于力的守恒 (即能量守恒) 的论文 (1849 年), 他成为 Königsberg 的生理学教授, 后又在 Bonn 和 Heidelberg 任教授. 他在感觉生理学方面的重要成就包括测量电神经刺激的传播速度和眼底镜的发展. 从 1856 年至 1867 年, 他的专著 *Handbuch der Physiologischen Optik*(生理光学手册), *Leipzig, Leopold Voss*, 共分三期和专著 *Die Lehre von den Tonempfindungen als physiologische Grundlage der Musik* (作为音乐生理基础的声调理论, Braunschweig, Fr. Vieweg. Sohn, 1863) 奠定了系统的感觉生理学的基础. 亥姆霍兹和他的同事与朋友埃米尔·杜波伊斯-雷蒙德 (Emil du Bois-Reymond, 1818—1896, 他是电生理学的创始人以及穆勒在柏林的接班人)(数学家保罗·杜波伊斯-雷蒙德 (Paul du Bois-Reymond, 1831—1887) 的兄弟) 的生理学研究 (1831—1887) 最终战胜了激进的思想, 他们的老师穆勒仍然极力捍卫这些思想. 亥姆霍兹的知觉-生理学研究使他进入了经验主义认识论, 并在此基础上对空间概念进行了系统的思考.下面将更详细地讨论这些问题. 值得注意的是, 生理学家亥姆霍兹仅仅是一名自学成才的数学家, 他也能如此深入一个数学的基本问题中去, 即使细节并不总是经得起数学家 Lie 的专业批评 (其他人, 特别是克莱因在他的 *Vorlesungen* (讲义) 第 1 卷, 第 223 页至 230 页中, 对亥姆霍兹的贡献作出了比 Lie 更为慷慨的判断, 后者在争论中也可能异常尖锐. 和其他数学家在一起, 他把这些数学家当作他的竞争对手, 比如基灵或克莱因). 亥姆霍兹在他的职业生涯中越来越多地转向了物理问题, 事实上, 他在流体力学中已经取得了一个重要而困难的数学结果. 他证明了涡旋在无摩擦流体中是守恒的. 顺便说一句, 对于这一工作, 黎曼的保形映射理论是一个重要的启示. 他的工作, 以及他的学生 Heinrich Hertz 的工作, 对普遍接受法拉第-麦克斯韦电动力学理论作出了决定性的贡献. 亥姆霍兹从最小作用原理 (principle of least action) 导出电动力学场方程的方法是相对论发展的重要前兆, 即使亥姆霍兹自己的理论方法, 虽然它导致了对电子存在的预测, 但最终证明是徒劳的, 因为它是基于以太 (ether) 的存在. 1871 年, 亥姆霍兹成为柏林的物理学教授. 他在 1883 年被封为贵族 (他的姓氏被改为 von Helmholtz 作为这个过程的一部分). 1888 年, 他被任命为新成立的 Physikalisch-Technische Reichsanstalt(国家物理-技术研究所) 所长, 该研究所通过其研究议程和组织原则, 成为一个具有开拓性的大型研究机构. 亥姆霍兹于 1894 年去世. 亥姆霍兹是 19 世纪下半叶伟大的普世科学家, 他也享有相应的社会认可和声望. 他在德国科学领域的地位或许可以与 19 世纪上半叶的亚历山大·冯·洪堡(Alexander von Humboldt) 相比. 关于他的传记和科学角色及成就, 见 Leo Koenigsberger, Hermann von Helmholtz, 3 vols., Braunschweig, Vieweg, 1902/1903. 最近的一项研究是 G. Schiemann, *Wahrheitsgewissheitsverlust. Hermann von Helmholtz' Mechanismus im Anbruch der Moderne. Eine Studie zum Übergang von klassischer zu moderner Naturphilosophie*. Darmstadt, Wiss. Buchges., 1997. 关于亥姆霍兹的文献很多. 我只提到最近的工作 Michel Meulders, *Helmholtz. From Enlightenment to Neuroscience*, MIT Press, 2010(译自法文, 由 L.Garey 编辑).

亥姆霍兹在几篇期刊文章和讲座中都涉及认识论的问题, 特别是我们能从我们的感官经验中学到什么关于世界结构的问题. 因此, 他的问题完全不同于黎曼的自然哲学问题. 值得注意的是, 他的结论一开始与黎曼的方向是相同的, 但随后发生了变化, 因为他做了一个重要的额外假设, 他认为这在经验上是显而易见的, 这最终阻止了他达到黎曼理论的普遍性. 尽管如此, 这一假设对数学的发展是卓有成效的, 因为它为李氏变换群理论提供了一个主要推动力, 而李氏变换群理论与黎曼几何一起成为现代物理学的基础. 事实上, 亥姆霍兹论证的主旨是反对康德的空间哲学作为一种综合的先天结构, 而不是反对黎曼的理论.

我们在这里参考亥姆霍兹的著作 "Über den Ursprung und die Bedeutung der geometrischen Axiome" (《论几何公理的起源与重要性》), "Über die tatsächlichen Grundlagen der Geometrie"(《关于几何学的事实基础》), "Über die Tatsachen, die der Geometrie zugrunde liegen"(《几何学所依据的事实》), 那篇文章与黎曼的关系最为明显, 而且已经在标题中 (以事实取代黎曼的假设), 似乎包含了对他的批评, 而最后 "Die Tatsachen in der Wahrnehmung"(感知中的事实), 以及他们的三篇补充 [1]. (为了阐明亥姆霍兹的认识论立场, 也是他后来的文章 "Zählen und Messen, erkenntnistheoretisch betrachtet" (计数的测量, 认识论上的考虑) 是有用的. 顺便提一句, 亥姆霍兹对康德的态度要温和得多, 他接受了空间的基本概念, 认为它是一种先验的直觉形式, 他只攻击一种特殊的立场, 而这种立场在他看来, 是康德的追随者后来不幸加上去的). 我们把这里提到的文件当作一个整体来对待, 即使随着时间的推移, 亥姆霍兹的思想确实在发展. 特别是, 在开始的时候, 他还没有意识到非欧几里得 (双曲) 几何的可能性 [2].

亥姆霍兹提出的根本问题 (Geometrie, p.618) 是区别几何的客观内容与那样的部分, 即这部分或者是可以被定义所设定的或者是取决于表达的形式 (例如坐标的选择), 而这并不是一成不变的. 亥姆霍兹主要反对康德在他的批判著作中提出的空间概念, 也就是说空间是所有外在直觉的先验形式 [3]. 亥姆霍兹计算出了一个纯粹形式的方案 "任何经验的内容都适合" [4] 和一个从一开始就受到限制或约束的可感知的内容方案之间的区别. 第一个他可以接受, 然而, 第二个他拒绝了. 他同意康德

---

① 参考资料见最后的参考书目. 在下文中, 将引用这些缩写形式如 Axiome, Grundlagen, Geometrie 和 Wahrnehmung, 赫兹和施利克的第一本, 最后一本, 也是施利克的评论, 与 F. Bonk 版的页码. 其他来源于 Wissenschaftlichen Abhandlungen, Vol. II.

② 例如 Grundlagen, p. 613, 615. 这一点只在本书的补编中加以更正. 同样 Geometrie, pp. 637-639 有脚注中的更正插入在科学论文中.

③ 亥姆霍兹在多大程度上误解了康德关于综合先验判断的概念, 不承认逻辑必要性和描述必要性之间的区别, 这确实是康德思想争论的一个重要方面, 但可能会把争论搁置在这里了. 另见施利克的评论, 第 49 页.

④ "in welches jeder beliebige Inhalt der Erfahrung passen würde", in Axiome, pp. 16.

的观点, 即空间直觉的一般形式是先验给定的. 对他来说, 这最终意味着空间是一个连续的流形, 它使不同的物体共存成为可能, 因此它们不仅毗邻 (juxtaposition)①, 而且其大小量级可以进行比较. 然而, 必须从经验中作出更详细的决定, 而不是在所有可能的经验之前作出决定②. 亥姆霍兹以欧几里得几何学的公理开始了他的论证③. 公理不能被证明, 因此他提出了一个问题, 为什么我们仍然认为这些公理是正确的. (希尔伯特稍后会详细说明公理是任意的假设, 这在某种意义上消除了亥姆霍兹问题的原因.) 他的回答受到欧几里得几何基本证明方案的指导, 即证明二维或三维几何图形的一致性. 这是基于一个假设, 即几何对象可以在空间中自由移动, 而不改变它们的形状. 然而, 这构成了亥姆霍兹论点的中心, 不是逻辑上的必然, 而是经验上的事实④.

我们所能想象的受限于感觉器官的结构, 它们适应于我们生活的空间. 更准确地说, 我们从二维视网膜上的数据构建空间. 首先, 这为莱布尼茨关于空间相对性的旧哲学论证提供了一个新的经验转向, 即不可能确定所有物体是否都以同样的方式移动或放大, 因为这种变化也会影响我们的感觉器官. 其次, 这种重构具有一定的灵活性. 就像一个人把眼镜放在眼睛前面, 使所有的东西都凸出来, 这样他就能看到物体, 就像它们在双曲空间里一样⑤, 过不了多久, 他就会适应这种新的视觉体验, 并在空间中毫无问题地定位自己, 我们也会习惯生活在非欧几里得几何中. 重要的是空间知觉的内在一致性, 只要没有其他物理现象发挥作用. (一个著名的例子是一个倒置眼镜的实验. 一个人如果有这样一副倒置眼镜, 它的作用是上下颠倒

① 关于这个问题, 现代数学在亥姆霍兹的方向上更进一步, 因为空间的拓扑不仅是度量性质还是有条件的 (contingent).

② Wahrnehmung, pp. 159.

③ In Axiome.

④ 很明显, 亥姆霍兹并不知道莱布尼茨的一个基本假设, 即每个物体都需要在空间中被认为是可移动的, 而不需要改变形态, 参见 Leibnizens mathematische Schriften, ed.C. I. Gerhardt, Vols. III-VII, Halle A. D. S., 1855-1860. 第 V 卷, pp.161, 168. 这是莱布尼茨在其位置几何学上的建设性方法, S. Ernst Cassirer, *Leibniz' System in seinen wissenschaftlichen Grundlagen*, Hamburg, Felix Meiner, 1998(根据 1902 年的版本). 然而, 对于莱布尼茨来说, 亥姆霍兹似乎很清楚的是一个经验性的事实, 仍然是一个数学和哲学问题, s. V. De Risi, loc. cit. 莱布尼茨仔细分析了几何图形的相似性和全等之间的差异. 如果没有相对于公共尺度的直接比较, 就只能确定相似性, 即两个图形的内部关系的平等, 但不是它们的全等, 即它们的大小的绝对相等. 莱布尼茨并不反对刚性尺度的移动性, 而是与要研究的数字的移动性相对立, 这当然也导致了空间的同质性. 康德对这些问题也很熟悉. 现在, 随便地说, 我们可以认为, 拿着准绳在其领域内走来走去的物理学家, 完全忽略了一个伪问题, 即数学家在与欧几里得几何的渗透斗争, 或者哲学家在他的研究中进行投机. 然而, 情况并没有那么简单. 正如在 5.4 节中解释的那样, 外尔后来提出, 即使在测量单元中允许路径相关的量规自由, 当物体在空间中运动时, 长度也会发生变化. 这个想法最终被物理学家们所拒绝, 例如, 引用原子学的绝对长度尺度. 但是, 正如在 5.4 节中所解释的, 这个观点以一种不同的方式成为现代基本粒子物理学的核心观点.

⑤ 在这一点上, 亥姆霍兹显示了下面引用的贝尔特拉米对非欧几里得空间几何模型的深刻理解 (当时也被亥姆霍兹称为伪球几何).

的, 让所有的东西看起来都倒立着, 过一段时间他就会习惯它, 然后在这个世界上毫无问题地找到自己的方向. 特别地, 所有的运动和动作都与通过反转镜 (reversing glasses) 看到的相匹配. 当脱下换向眼镜时, 测试者需要一些时间来再次熟悉这个世界, 也就是说, 直到物体停止倒立为止.) 因此, 对于亥姆霍兹来说, 至关重要的是, 我们对空间的感知必须建立在彼此之间和自身一致的感知与感觉之上. 事实上, 生理学家亥姆霍兹给我们带来了一个基本的洞见: 大脑通过局部的电活动构建了一个外部世界的图像, 这些电活动以可测量的、有限的速度沿着神经传播 ("感觉是我们的意识符号, 学习理解它们的意义留给我们的智力" 或者 "就我们的感觉的性质而言, 它向我们传达了一种信息, 即它所受到的外部影响的独特性, 而外部影响又使它兴奋起来, 因此它可以被看作是后者的一种符号, 而不是一种形象······. 一个符号不需要与它所代表的东西有任何相似之处. 两者之间的关系仅限于同一对象, 在相同的条件下作用, 产生相同的符号")①, 这就引出了现代建构主义作为一种建立在神经生物学洞见基础上的哲学方法②. 然而, 根据亥姆霍兹的观点, 因果律必须以解释我们的经验为前提③. 因此, 经验不是任意的, 而是指一个要重建的物理和几何的外部世界.

然而, 这种对外部世界几何关系的适应, 由于我们的感觉器官的结构而有特定的限制. 特别是, 这涉及空间的维数.

为了说明这一点, 亥姆霍兹调用了生活在曲面上的理性生命的概念模型, 即因

---

① "Die Sinnesempfindungen sind für unser Bewußtsein Zeichen, deren Bedeutung verstehen zu lernen unserem Verstande überlassen ist", in Hermann von Helmholtz, Handbuch der Physiologischen Optik, Vol. III, Heidelberg, 1867; 3rd ed., Hamburg, Leipzig, Leopold Voss, 1910, p. 433 (emphasis in the original) or Insofern die Qualität unserer Empfindung uns von der Eigentümlichkeit der äußeren Einwirkung, durch welche sie erregt ist, eine Nachricht gibt, kann sie als ein Zeichen derselben gelten, aber nicht als ein Abbild.... Ein Zeichen aber braucht gar keine Art derÄhnlichkeit mit dem zu haben, dessen Zeichen es ist. Die Beziehung zwischen beiden beschränkt sich darauf, daß das gleiche Objekt, unter gleichen Umständen zur Einwirkung kommend, das gleiche Zeichen hervorruft", in Wahrnehmung, pp. 153 (emphasis in the original).

② 关于神经科学的历史, 参见 Olaf Breidbach, *Die Materialisierung des Ichs*. Zur Geschichte der Hirnforschung im 19. und 20. Jahrhundert, Frankfurt/M., Suhrkamp, 1997. 在这里, 我们不能讨论亥姆霍兹前后感觉生理学的发展, 也不能讨论洛策 (Lotze) 的局部符号理论 ("Lokalzeichen") 的影响或经验主义者像亥姆霍兹和本土主义者像赫林 (关于亥姆霍兹的立场, 见例如, Wahrnehmung, pp.163 f.) 之间的争论, 以及其他类似的问题.

③ Wahrnehmungen, pp. 171f, 191.

为是生活在二维世界中生命, 因此无法想象第三维①. 对于想要设想第三维的平面人, 正如我们想要考虑第四维空间的人类一样, 有一条出路是由数学的形式计算方法提供的, 这种方法可以在任何维度中不受约束地进行构造. 在经验给定空间中的测量值也可以与在构造空间的坐标系中的计算结果进行比较, 从而确定经验空间的特殊性质. 这就是亥姆霍兹所认为的黎曼方法. 特别地, 根据亥姆霍兹的观点, 经验空间不是黎曼意义上的一般三维流形, 而是由附加性质决定的. 首先, 物体在不改变形状的情况下向所有点和所有方向的自由移动②. 其次, 曲率的消失. 事实上, 从物体的自由运动性出发, 首先, 就像黎曼所假设的那样, 毕达哥拉斯定理具有无穷小的有效性, 这是亥姆霍兹在数学上的重大贡献. 其次, 甚至已经有了曲率的恒常性, 这也是一个重要的数学结果 (尽管如上所述, 这一点已经被黎曼发现, 但是亥姆霍兹的分析基于不同于黎曼的一组公理, 因此亥姆霍兹的结果并不直接遵循黎曼的结果). 虽然后来李批评了亥姆霍兹数学推导的严格性. 曲率必须是常数, 因此, 根据亥姆霍兹的理论, 已经从经验的一般原理出发, 而曲率的精确值则是具体经验测量的结果③.

亥姆霍兹还指出, 物体的自由移动不是纯粹的几何性质. 也就是说, 如果所有的物体在改变位置时都以同样的方式改变, 我们将无法确定, 因为所有的测量设备也会随着物体的改变而改变. 所以这里需要一个额外的物理原理. 然而, 这是一个微妙的问题. 因为什么是精确的东西最终既不能从原则中获得, 也不能从经验中确定. 为了验证物体是精确的, 我们需要验证物体中各个点之间的距离不变, 但是为了达到这个目的, 我们需要一根已经被验证为精确的标杆. 根据爱因斯坦的理论, 确定什么是精确的只能基于一个约定 (convention). 物理原理只能是简单的解

---

① 这个想法后来由 Edwin A. Abbott 在他的 *Flatland. A romance of many dimensions,* Seeley & Co., 1884(重印版, 有一篇由 A. Lightman 写的引言, New York etc., Penguin, 1998) 他用笔名 A.Square 出版的. 实际上, 在亥姆霍兹之前, 高斯已经提出了这个想法. 见 Sartorius von Waltershausen, *Gauß zum Gedächtnis,* Leipzig, 1856, S. 81. 但是, 甚至在高斯之前, 心理物理学创始人 Gustav Theodor Fechner(1801—1887) 就已经提出了类似观点, 见 Rüdiger Thiele, *Fechner und die Folgen außerhalb der Naturwissenschaften,* in: Ulla Fix (Ed.), Interdisziplinäres Kolloquium zum 200. Geburtstag Gustav Theodor Fechners, Tübingen, Max Niemeyer Verlag, 2003: 67-111.

② 亥姆霍兹还得出了单值性原理, 即物体经过 360° 的旋转后, 会再次回到原来的位置和形状. 李后来批评说, 这不是亥姆霍兹认为的一个独立的公理, 而是从亥姆霍兹的其他公理中得到的.

③ 这也是长期讨论的一部分. 空间的曲率必须是经验性可测的, 这一点已经被高斯所知. 空间曲率是否真的在宇宙尺度上消失, 导致至今仍在进行的关于爱因斯坦宇宙常数的讨论, 而爱因斯坦的宇宙学常数最近又恢复了. 这是因为某些现象无法用公认的宇宙物理学来解释. 这将导致寻找所谓的暗物质和暗能量.

释,①②而亥姆霍兹仍然相信他可以利用惯性体的物理行为. 在这一点上, 或许与黎曼方法的主要区别也变得清晰起来. 亥姆霍兹推理依赖于刚体存在的假设, 而黎曼只假设一致的长度尺度. 亥姆霍兹所介绍的刚体的物理原理, 使他无法得出广义相对论, 在广义相对论中, 物体的行为与空间的几何结构相互交织在一起. 对于黎曼, 空间的度量场不一定是刚性的, 但可以与空间中的物质相互作用. 正如黎曼所建立的理论, 一个物体特别有可能携带着度规场. 然后, 物体在运动过程中决定或改变度规场. 这样, 刚体的运动在非齐次几何中也是可能的. 几何将因此变得与时间有关, 这也是爱因斯坦理论中的一个中心点. 然而, 对于亥姆霍兹来说, 这种空间几何和物体行为的纠缠只发生在知觉中. 虽然这是亥姆霍兹的经验主义假设的结果, 但他承认, 从原则上讲, 物体的机械和物理特性的空间独立性也可以被经验所反驳, 他似乎没有认真考虑过这种立场独立的假设在经验上可能是错误的. 相反, 他所关注的是反康德的论点, 即对物体及其空间关系的感知是由经验推导出来的, 而不是先于所有经验给出的.

在他的《几何学》(*Geometrie*) 中, 亥姆霍兹从四个公理中推导出来, 这些公理他已经在他的《基础》(*Grundlagen*) 中概述过了, 满足这些公理的空间, 与经验直觉相容, 必然是黎曼意义上的常曲率空间. 这些公理是 (见 Grundlagen, p. 614f):

1. 指定维数 n 和在点的连续运动下连续变化的坐标的可表示性 (在黎曼术语中, 这仅仅意味着空间是一个 n-维流形).

2. 运动的物体是存在的, 并且在物体上任意两点之间的距离保持不变的意义下是刚性的.

3. 自由移动: 物体可以作为一个整体运动 (但不是在自身内部, 也就是内部运动), 也就是说, 运动只受假设 2 中所述的内部距离的不变性的约束, 并且两个物体之间的一致性不取决于它们在空间中的位置.

4. 单值性: 绕轴的完全旋转使一个物体回到它自身的位置.

关于这些公理的必要性和独立性, 请参阅李的研究和赫兹的评论. 亥姆霍兹的数学推论 (顺便说一句, 它仅限于三维的情况) 我们不再感兴趣了, 原因已经列明.

即使撇开刚体的物理假设是一个障碍这一事实不谈, 从后来物理学的发展来看, 刚体的物理假设也是一个障碍和不幸, 亥姆霍兹的方法 (在各自的标题中, 已经在 "事实" 和 "假设" 之间有明确的对立) 恢复了黎曼方法的那一方面, 它不仅是数

---

① 关于这个问题, 见施利克, pp. 52.

② 这是传统主义的哲学方向 (见下文). Martin Carrier, *Geometric facts and geometric theory: Helmholtz and 20th-century philosophy of physical geometry*, in L. Krüger (ed.), *Universalgenie Helmholtz. Rückblick nach 100 Jahren*, Berlin, Akademie″=Verlag, 1994: 276-291, 结论认为, 亥姆霍兹因此激发了物理几何哲学的几个不同方向, 因为他的观点都可以被解释为两种观点都是自由流动的. 刚体是一个经验性的事实, 它提供了一个有用的惯例, 最后, 它是物理和几何测量的前提. 一份详细地描述传统主义论点的思想历史可以在 Martin Carrier, *Raum-Zeit*, Berlin, de Gruyter, 2009 中找到.

学发展的先驱. 这是对理想 "空间" 的研究, 在某种意义上, 理想空间是由我们的想象自由构建的, 而不仅是经验上给出的空间. 正如下面将要解释的, 黎曼这一概念上的步骤也为物理学打开了一个全新的视角.

在进一步的论述中, 通过黎曼和亥姆霍兹的工作, 来自数学、物理、哲学和感觉生理学的链聚在一起, 然后又分开了. 因此, 接受历史由多个平行的链组成, 甚至常常在参与的科学中也是如此. 下面, 我们将试着描述和分析其中的一些. 然而, 我们将不详细讨论对黎曼和亥姆霍兹的考虑提出的许多反对意见, 这些意见通常是基于误解或错误的推理,① 即使他们在当时的讨论中是突出的, 因此在某种意义上对接受史也是重要的. 事实上, 由于亥姆霍兹直接挑战了康德哲学的追随者, 因此不仅对亥姆霍兹提出了各种各样的批评, 而且对他所援引的黎曼的观点也提出了各种各样的批评. 最早的批评家之一是哥廷根哲学家赫尔曼·洛策 (Hermann Lotze, 1817—1881), 虽然他可能已经出席过黎曼的就职演讲会, 显然, 他只是从亥姆霍兹对这个问题的哲学态度上才认识到它的重要性, 后来他对这个问题感到震惊. 特别是, 洛策拒绝了黎曼和亥姆霍兹所假定的空间与空间中所发生的物理过程之间的关系, 因此也拒绝了对空间性质进行经验检验的可能性. 他的论点是, 即使天体在天文尺度上的行为应该显示出与欧几里得几何的偏离, 与其放弃欧几里得空间的概念, 我们更应该采用一种新的物理力, 它会导致光线传播偏离欧几里得直线. 这一论点继续在亨利·庞加莱的传统主义中发挥作用 (见下文). 然而, 洛策试图进行真正的数学推理, 却显得有些笨拙. 同样地, 其他批评家的观点, 如心理学家威廉·冯特 (Wilhelm Wundt, 1832—1920) 或法国新康德主义者查尔斯·勒努维耶 (Charles Renouvier, 1815—1903), 也被认为是站不住脚的. 哲学家伯特兰·罗素 (Bertrand Russell, 1872—1970) 后来也对这一问题进行了讨论, 但几乎没有成功, 并提出了一些谬论②.

关于当时的简短讨论就讲到这里. 然而, 人们可能会怀疑, 尽管当代哲学家和康德的追随者做出了相当无望的尝试, 但一个半世纪后的今天, 情况可能有所不同, 康德最终仍可能在与亥姆霍兹的较量中占据上风. 毕竟, 康德比亥姆霍兹活的长得多. 康德 (仍然或再次) 被公认为即使不是现代最伟大的哲学家, 也是最伟大的哲学家之一. 亥姆霍兹确实被认为是一位杰出的物理学家, 但今天, 他更多地被看作是一个过渡性的人物, 亥姆霍兹的贡献对物理学未来的影响不及麦克斯韦 (麦克斯韦的电磁学理论至今仍然有效, 是爱因斯坦狭义相对论的重要基础) 或者玻尔兹曼 (玻尔兹曼对统计物理的反思开创了一种全新的思维方式, 对当今物理学具有重要

---

① Torretti, *Philosophy of geometry*, loc. cit. 文中给出许多实例和具体分析.

② 见 Bertrand Russell, *An essay on the foundations of geometry*, Cambridge, Cambridge Univ. Press, 1897, reprinted New York, Dover, 1956, 也可见 *Sur les axiomes de la géometrie*, Revue de Métaphysique et de Morale 7, 684-707, 1899 和 Torretti, loc. cit. 的深入分析.

意义). 当与 20 世纪物理学如爱因斯坦的相对论和量子物理学的伟大成就相比 (这些成就与普朗克、玻尔、海森伯和薛定谔等的名字有关), 亥姆霍兹的重要性进一步降低. 即使是神经生理学的理论家, 这一领域是亥姆霍兹通过对感官刺激处理和大脑神经系统中外部世界表征的思考和实验, 在实验和概念上建立并深刻塑造的, 今天谈论康德比谈论亥姆霍兹更多. 那么今天如何评价亥姆霍兹对康德的批判呢? 为此目的, 我们必须利用已经提出和仍待讨论的内容, 但是, 在这一点上, 这种回顾和预期的结合也许对理解问题的情况和旧讨论的历史背景是有用的. 牛顿的引力理论 (准备于开普勒) 提出了物体在空间中的相互作用. 这不仅仅是像亚里士多德和笛卡儿的理论那样, 将不同的事物并置在一起. 由于他的绝对空间本体论, 牛顿阻止了他自己发展这个概念的巨大爆炸力. 牛顿的对手莱布尼茨把注意力转移到物体之间关系的一致性上, 但他没有一个合适的物理力的概念来将其转化为物理理论. 然后康德考察了知觉主体对这种连贯关系的知觉的前提条件, 但同样只是并列的, 而不是实际的因果关系. (对康德来说, 吸引力属于动力学的范畴, 而几何学是先天合成的, 依赖于经验的知觉.) 亥姆霍兹反对这种观点, 认为这些条件不仅存在于感知主体中, 而且必须由物理测量来决定. 在这里, 物理学想从哲学的手中夺取一部分现实. 但这部分物理只是关于位置, 而不是因果关系, 这些甚至是不可能建立在刚体假设的基础上的. 从这个意义上说, 亥姆霍兹的反对确实是有道理的, 但并没有深入问题的实质. 另一方面, 黎曼的方法受到自然哲学问题的启发, 但是是从更普遍的、更数学化和更具结构化的考虑 (顺便说一下, 黎曼在数学家圈子之外并不为人所知, 但在数学领域内, 黎曼仍然被公认为最伟大的数学家之一, 即使在今天也丝毫没有减弱). 他的方法奠定了物体之间的引力效应可以用广义相对论的几何模型来表示的理论基础. 这给康德和亥姆霍兹都带来了困难, 也许这也是我们问题的答案.

5.2　黎曼几何与爱因斯坦相对论的进一步发展

在数学方面, 德国的埃尔温·布鲁诺·克里斯托弗尔 (Elwin Bruno Christoffel, 1829—1900) 和鲁道夫·利普希茨 (Rudolf Lipschitz, 1832—1903) 采用了黎曼的几何思想, 意大利的尤金尼奥·贝尔特拉米 (Eugenio Beltrami, 1835—1900) 和格雷戈里奥·里奇-科巴斯特罗 (Gregorio Ricci-Curbastro, 1853—1925) 采用了黎曼的几何思想. 贝尔特拉米 (他已经发展了非欧几里得几何的波尔约和罗巴切夫斯基的几何实现[1]) 也是第一个将非欧几里得几何定义为一般黎曼几何的特例的

---

[1] Eugenio Beltrami, *Saggio di Interpretazione della Geometria Non-euclidea*, Giornale di Matematiche VI, 284-312, 1868.

人①. 克莱因 (1849—1925) 将这些几何图形纳入一个综合的几何纲领中② 然而, 克莱因所设想的一般几何 (即射影几何) 与黎曼的几何不同. 与黎曼几何相反, 它不是基于长度和距离, 而是基于比例. 虽然射影空间也带有黎曼度量, 但对于克莱因来说, 变换性质代替了度量关系而成为其基本原则. 克莱因的方法在当时非常有影响力③, 一开始甚至可能阻碍了德国对黎曼思想的广泛接受. 然而, 如今, 黎曼和克莱因的方法不再被视为不相容或相互矛盾的④.

里奇和列维–奇维塔发展了黎曼几何张量微积分, 其形式基本上沿用至今. 这个张量微积分构成了爱因斯坦广义相对论的数学基础. 黎曼几何随后被嘉当 (1869—1951) 和外尔 (1885—1955) 等进一步发展, 并经历了一个巨大的推动和发展势头, 直到今天仍然没有中断⑤. 外尔关于无穷小几何和仿射联络的概念的考虑, 我们已经在黎曼的演讲中讨论了. 特别是, 他的著作《空间—时间—物质》对广义相对论的数学和概念基础产生了很大的影响. 这里不详细介绍爱因斯坦理论本身的发展, 因为爱因斯坦的基本论文将在本系列的另一卷中发表和评论, 外尔的《空间—时间—物质》也将在本系列中发表和评论. 在爱因斯坦的理论中, 时空的几何是由其中包含的质量的引力作用决定的. 在牛顿物理学中, 一个物体的惯性质量源于它对运动变化的阻力, 而它的引力质量则表示它对其他物体引力的响应. 为什么这两者总是成比例的, 从而通过适当地归一化可以彼此等同, 这个理论无法解释. 然而, 在爱因斯坦的理论中, 这两个概念是一致的. 爱因斯坦认识到加速度和重力的影响是

---

① Eugenio Beltrami, *Teoria fondamentale degli spazii di curvatura costante*, Annali di Matematica pura ed applicata series II, Bd. II, 232-255, 1868.

② Felix Klein, *Vergleichende Betrachtungen über neuere geometrische Forschungen* (Erlanger Programm), Erlangen, A. Düchert, 1872, reprinted Leipzig, Akad. Verlagsges., 1974, with additions published in Math. Annalen 43, 63-100, 1893, reprinted in K. Strubecker (ed.), Geometrie, Darmstadt, Wiss. Buchges., 1972, pp. 118-155; Klein, *Über die sogenannte Nicht-Euklidische Geometrie*, Mathematische Annalen 4, 573-625, 1871. For this articles and others by Klein, see also Felix Klein, *Gesammelte mathematische Abhandlungen*, 3 vols., Berlin, Springer, 1921-23, and the posthumously published monograph Felix Klein, *Vorlesungen über nicht-euklidische Geometrie*, Berlin, Springer, 1928. On the programs of Lie and Klein see also Thomas Hawkins, *The Emergence of the Theory of Lie Groups. An Essay in the History of Mathematics 1869-1926.* Berlin etc., Springer (here in particular Chap. 4) and Thomas Hawkins, *The Erlanger Programm of Felix Klein: Reflections on its place in the history of mathematics.* Historia Mathematica 11, 442-470, 1984. For the further development of Klein's program e.g. R. Sharpe, *Differential geometry. Cartan's generalization of Klein's Erlangen program*, New York, Springer, 1997.

③ 然而, 对于埃尔朗纲领, 霍金斯得出的结论是, 克莱因的显化本身实际上并没有产生重大影响, 但与纲领化相关的思想不仅依靠李, 而且还依靠爱德华斯塔迪、基灵和庞加莱来获得或多或少地独立发展. 无论如何, 就像克莱因的方法一样, 这两种方法都没有赋予黎曼度量一个基本的作用.

④ 这要特别归功于几何学家嘉当, 见下文, 第 133 页.

⑤ 关于当前状况的介绍, 参见 J. Jost, *Riemannian Geometry and Geometric Analysis*, Berlin etc., Springer, 6th ed., 2011.

无法区分的. 惯性质量和引力质量都是由对运动变化的阻力导出的. 然而, 与变化有关的参考运动不再是欧几里得空间中匀速加速的运动, 欧几里得空间是绝对的, 因此也独立于空间中的质量. 这些参考运动是在黎曼时空中沿着测地线的运动, 并由其中质量的引力效应所决定的. 因此, 引力并不是在遥远的物体上的绝对空空间中即时地、非中介地作用, 而是局部地决定了时空的几何形状, 而时空的几何形状又决定了物体的运动. 简而言之, 在牛顿物理学中, 物体在线性空间 (即非弯曲的欧几里得空间) 弯曲路径上的引力作用下运动. 然而, 在爱因斯坦的物理学中, 它们在弯曲空间中沿直线 (即测地线) 运动. 重力不再改变物体的运动轨迹, 而是改变它们运动的空间. 爱因斯坦场方程将时空的黎曼曲率与物质的能量动量张量耦合起来. 因此, 物质的存在改变了时空的几何形状, 加速度现在是相对于这个黎曼几何来测量的, 而不是一个独立的绝对欧几里得几何. 爱因斯坦场方程本身是由对称性原理推导而来的, 具体地说是由一般协变的要求而来的, 即物理定律的应用与所选择的坐标无关, 因此, 用坐标表示的场方程和运动方程必须在坐标变化下进行适当的变换, 即必须服从特定的规则①. 这种几何关系和物理定律的坐标独立性, 一直是黎曼理论的核心思想之一, 并在黎曼后继者发展和完善的张量微积分中找到了它的形式表达. 这使得黎曼几何对爱因斯坦非常有用. 当然, 这里很重要的一点是, 黎曼形式可以自然地从空间扩展到时空问题, 尽管本质上的区别是度规张量不再在所有方向上都是正的, 而是在空间和时间方向上得到了相反的符号. 相应的结构被称为洛伦兹流形 (而不是黎曼流形). 参考空间不再是欧几里得空间, 而是闵可夫斯基空间②.

　　在开始研究黎曼几何被接受过程的其他方面之前, 让我们先停下来, 再试一次来概述一下这个理论在物理学史上的地位. 广义相对论解决的或许是物理学中

---

① 在这一点上, 我们需要更深入的讨论. 问题不仅在于最重要的不可分辨性, 也在于不同描述的等价性. 相反, 莱布尼茨的旧观念再次浮出表面, 即空间的同质性是一种无形性, 导致其各部分或各要素相互间的对立. 因此, 在空间 (或时间上) 的特许位置失去了合理的理由. 没有物理属性的分配, 空间点就不能合理地区分开来. 这也可能是黎曼提出的流形概念的意图所在, 这个笼统的术语承认了不同的确定方式. 任何物理理论实际上都必须独立于对底层对象的描述, 因为这些描述记录了相同的方面, 并且只在不同的坐标系统中显示它们. 然而, 物理理论的核心是计算出来的, 通过这些物理属性, 这些物体可以相互区别开来. 黎曼的流形概念包含两个方面, 即流形中的同一点可以用不同的坐标来描述和表示, 除非有附加的结构. 所有的点是相似的, 可以通过将流形转换成自身 (数学术语中的同胚) 来相互转换. 因此, 流形概念抓住了点的多样性, 但没有为它们的识别或区分提供任何标准. 然后, 度量在点之间产生独特的关系, 曲率量可以为各个点指定特定的特征. 正如黎曼所见, 这就是为什么这个几何学不能仅仅从流形概念中恢复, 而是需要物理的确定. 这正是爱因斯坦的理论以系统和原则性的方式实现的. 然而, 在量子理论中, 这个方面正被海森伯所扭转. 这里, 同样的物体以不同的形式出现. 物理上可接近的只是这些现象, 而不是对象本身.

② Hermann Minkowski, Raum und Zeit, Phys. Zeitschr. 10, 104-111, 1909, and Jahresber. Deutsche Mathematiker-Vereinigung 18, 75-88, 1909; reprinted e.g. in C. F. Gauß/B. Riemann/H. Minkowski, *Gaußsche Flächentheorie, Riemannsche Räume und Minkowskiwelt*. Edited and with an appendix by J. Bohm and H. Reichardt, Leipzig, Teubner-Verlag, 1984, 100-113.

最基本的问题 —— 运动问题. 亚里士多德认为, 运动是有目的的, 但天体的圆周运动和天体的直线运动在性质上属于不同的领域, 在这些领域中, 不同的运动规律是起作用的. 对亚里士多德来说, 运动是一个过程. 然而, 亚里士多德的理论给解释与分析投掷和下落运动带来了困难. 中世纪晚期的经院哲学家们一直在为如何维持这一过程而争论不休. 特别是, 在这种情况下, 为什么落体体验加速度而不是减速的问题不能得到满意的解决. 对这些困难的分析引出了奥雷姆和比里当的动力理论, 他们认为运动过程中存在着某种夹带的因果关系[1](然而, 在伽利略[2]和爱因斯坦的物理学中, 运动是一种状态, 经院哲学曾与之斗争的问题消失了).

然而, 当哥白尼把太阳系中一颗行星的位置指定给地球时, 他消除了地球上的物理运动和天体的天文运动之间概念上的区别. 因此, 通过将太阳定位为行星系统的能量中心, 开普勒不仅从几何上, 还从物理上对天体的运动进行了构思. 同时, 伽利略分析了自由落体和投掷运动, 引入惯性原理, 该原理区分了匀速直线运动. 如前所述, 牛顿随后发展了一个统一的物理运动理论, 包括伽利略的匀速运动或惯性运动和圆周运动, 或者根据开普勒得出的更精确的椭圆轨道 —— 行星围绕太阳的轨道[3]. 在这个系统中, 没有介质的太阳引力解释了行星轨道偏离直线的原因. 因此, 这是一种外部扰动, 由于某种远距离的效应 (这种效应没有进一步解释), 迫使运动

---

[1] The extensive investigations of Pierre Duhem, *Le système du Monde*. Histoire des doctrines cosmologiques de Platon à Copernic, 5 vols., Paris, 1914-17, have been corrected in several essential aspects by Anneliese Maier, *Das Problem der intensiven Größe in der Scholastik*, Leipzig, 1939; *Die Impetustheorie der Scholastik*, Wien, 1940 (an extended new edition of these two works appears in : *Zwei Grundprobleme der scholastischen Naturphilosophie*, Roma, 31968);*An der Grenze von Scholastik und Naturwissenschaft*, Essen, 1943, Roma, 21952; *Die Vorläufer Galileis im 14. Jahrhundert. Studien zur Naturphilosophie der Spätscholastik*, Rom, 1949; *Metaphysische Hintergründe der spätscholastischen Naturphilosophie*, Roma, 1955,*Zwischen Philosophie und Mechanik. Studien zur Naturphilosophie der Spätscholastik*, Roma, 1958. Building upon this, see also E. J. Dijksterhuis,*Die Mechanisierung des Weltbildes*, Berlin etc., Springer, 1956, reprint 1983.

[2] 特别是在 Alexandre Koyré, *Etudes galiléennes*, Paris, Hermann, 1966, 第 102 页. 驳斥了迪昂的观点, 声称中世纪发展的连续性推动了伽利略的发展势头.

[3] 在广泛的文献中, 我们只提到 Alexandre Koyré *A documentary history of the problem of fall from Kepler to Newton*, Philadelphia, 1955.

偏离其在绝对空间中的自然路径①.

然而, 在这一理论中有一种奇怪的现象, 那就是一个物体的惯性, 这种惯性决定了它坚持走自己的自然道路的倾向, 恰好与它对其他物体引力的敏感性 (susceptibility) 成正比. 因此, 必须存在比牛顿理论更密切的关系. 正如所解释的, 爱因斯坦通过将重力和时空结构置于物理关系中来解决了这个问题. 这需要一个黎曼几何的概念, 它的度量性质从一点到另一点变化, 然后精确地反映位于空间中的质量的影响, 以及在一个四维连续体中空间和时间的合并. 爱因斯坦在他的狭义相对论中已经实现了后者, 这一点后来被闵可夫斯基系统地阐述了出来. 使引力和惯性质量的识别成为可能的决定性因素是爱因斯坦的物理构造, 这在广义相对论中要求时空连续体也具有黎曼型的可变度量.

5.3　李与对称群理论

李利用亥姆霍兹和黎曼的思想, 在他的变换群理论框架内, 确定了物体可以自由运动的几何. 一方面, 通过像帕施 (1843—1930) 这样的先驱者, 这导致了由大卫·希尔伯特奠定的几何学公理化的基础, 而这开辟了一个主导 20 世纪大部分数学的研究方向. 另一方面, 这导致了量子力学的基础的现代不变性理论. 在黎曼流形上的主丛理论中, 将黎曼几何与李群理论相结合. 这就成为理论基本粒子物理的形式语言②. 为此, 外尔和嘉当的理论是必不可少的③. 嘉当将李的群理论思想与黎

① 德国唯心主义哲学家黑格尔 (Georg Wilhelm Friedrich Hegel, 1770—1831) 在他的《哲学科学百科全书》(*Enzyklopadie der philosophischen Wissenschaften*) 中认为没有外力、不受其他物体影响而运动的物体是无稽之谈, 因为如果没有其他物体的影响, 我们既不能理智地将运动归因于一个物体, 也不能合理地将运动归因于一个存在 (参看 B. F. Nicolin 和 O. Poggeler 在 1830 年版的基础上所编辑的版本, Hamburg, Felix Meiner, 1991, 或该书由 E. Moldenhauer 和 K. M. Michel 编辑的第二部分 “自然哲学” 部分, 附有黑格尔讲座的口头补充, Frankfurt a. M., Suhrkamp, 1978; 就我们目前的目的而言, 262—271 节是相关的). 惯性作为物体的内部表征是被动的, 而它容易受到其他物体的外部引力影响, 因此被认为是主动的. 在惯性和其他物体的外部引力影响之间, 他看到了一个矛盾, 这导致他在赞扬开普勒的同时, 对牛顿展开了激烈的辩论. 黑格尔认为这个矛盾得到了解决, 因为物体的基本运动不是线性惯性运动 (他认为这是荒谬的), 而是开普勒的围绕引力中心 (最终是宇宙中所有质量的引力中心) 的椭圆运动. 在黑格尔辩证法中, 物质作为一种孤立的外部性原则, 因此还不能由其自身决定, 它的构造需要其他的物质, 故它需要通过引力的内在原理相互获得. 也就是说, 它最终可以通过绕行其他物体来决定自己. 这可能是一个有吸引力的想法, 但它提出了它的物理价值的问题. 因此, 黑格尔对惯性力和引力的反映就有了很大的不同, 尤其是在相对论之后的回顾中. 我们在这里仅引用 “D. Wandschneider, *Raum, Zeit, Relativität*, Frankfurt, Klostermann, 1982” 的仁慈或积极评价, 并依据这些评价, 即 V.H sle 在 “Hegels System, 单卷版, Hamburg, Felix Meiner, 1988” 中的评价和 E. Halper 的 “Hegel's criticism of Newton”(黑格尔对牛顿的批判), 载于: *The Cambridge Companion to Hegel and nineteenth-century philosophy* (ed. F. Beiser), Cambridge etc., Cambridge Univ. Press, 2008, pp. 311-343.

② 参见 J. Jost, *Geometry and Physics*, Berlin etc., Springer, 2009.

③ 在这里, 我从历史的角度勾勒出外尔和嘉当的思考. 系统的方面将在 5.4 节中讨论.

曼的几何概念相结合. 李群具有一定的黎曼度量, 黎曼度量由它们的结构决定, 其特征是它在群运算下保持左不变的. 群算子被认为是群对自身的几何运算. 所有的群元素乘以一个固定的群元素 h, 就得到了 G 的变换. 因此, 每个元素 g 都转化为元素 hg. 由于这种变换使度量不变, 所以它是作为黎曼流形的群的等距. 如果我们现在让生成这样一个变换的元素 h 在 G 的子群 H 中变化, 我们就得到了这样一个变换的整个族. 对于一个给定的群元素 g, 我们得到了一个新的群元素 Hg 的轨道, 即 hg 形式的所有元素, 其中 h 包含在子群 H 中. 如果我们现在把这样一个轨道上的所有元素相互看成一样, 即把它们看成是等价的, 就得到了所谓的商空间 G/H. 这样的空间叫做齐次空间, 就像群 G 本身一样, 它有一个自然的黎曼度规, 群 G 在这个黎曼度规下通过等距作用. 嘉当系统地研究了这些齐次度量. 齐次空间的一个特别重要的子类是所谓的对称空间, 顾名思义, 对称空间具有特别高的对称性. 这些空间在基灵和嘉当的工作中被分类[1]. 除了这种几何特征外, 他们还承认纯粹的群理论描述. 因此, 它们的结构变得特别丰富[2]. 后来我们发现, 一方面这些对称空间构成了黎曼流形最重要的一类例子 (例如, 球面和双曲空间是对称的); 另一方面它们也包括克莱因几何概念的核心的这样一些空间. 用这种方法, 嘉当可以协调黎曼和克莱因的方法, 而这在 19 世纪仍然被认为是相互竞争的. 此外, 嘉当还提出了一个里奇张量微积分的替代方法, 即活动标架法, 这使得张量微积分的某些方面在几何上更加透明和形式化. 如今, 从事黎曼几何研究或利用黎曼几何的数学家通常使用一种不变微积分 (这是从列维–奇维塔和外尔的平行移动演化而来的), 它将协变导数的形式主义与嘉当所发展的微分形式微积分结合起来, 因为几何表达式与坐标选择无关的意义, 这种方法在该微积分中变得最为简明易懂. 然而, 大多数物理学家继续支持里奇张量微积分作为一种方便的形式. 当使用张量微积分时, 我们不需要考虑所使用符号的几何意义, 而是可以以一种几乎机械和自动的方式应用这一形式体系.

5.4 外尔和流形上的联络概念

由于外尔引入了仿射联络的概念.[3]这也导致了黎曼几何与李群理论之间的一种自然关系, 但这与嘉当研究的对称空间 (由李群定义的黎曼流形) 方向完全不同. 根据克莱因的观点, 几何的特征是它的不变性, 即那些保持几何结构不变的变换群

① 参见 S. Helgason, *Differential geometry, Lie groups, and symmetric spaces*, New York etc., Academic Press, 1978.

② 有关详情, 请参阅 J. Jost, *Riemannian Geometry and Geometric Analysis*.

③ 我们参考第 57 页脚注 14 中引用的文献; 也可参考 Erhard Scholz, *Weyl and the theory of connections*, in: Jeremy Gray (ed.), *The symbolic universe. Geometry and Physics* 1890-1930, Oxford etc., Oxford Univ. Press, 1999, pp. 260-284.

作用下的不变量. 在黎曼流形上, 几何结构就是度规. 不变性变换就是那些保持点
之间距离不变的变换. 因此, 如果 P 和 Q 是黎曼流形上的两个点, 那么在变换 g 下
这两点的像 gP 和 gQ 之间的距离必须等于原来两点之间距离 $d(P,Q)$. 但是黎曼
流形的概念非常普遍, 对于给定的流形 M, 除了使所有点固定的平凡变换外, 不需
要存在这样的保距离变换 g. 因此, 黎曼流形的概念不符合克莱因方案. 现在黎曼
的距离概念是从一个无穷小的概念得到的, 这个二次形式允许我们量化给定点 P
中切向量 (方向元素) 的长度和这些向量之间的角度. 然而, 这个概念引出了对方
向元素空间 (即在点 P 处的切空间) 的欧几里得测度. 这就是不变性群 (欧几里得
运动群) 的作用. 在这个观点中, 黎曼几何的关键在于这个无穷小的作用在点与点
之间是不同的. 根据外尔的观点, 这些作用之间的关系是通过一个联络来实现的,
即在沿着连接曲线移动的关系下, 不同点设置无穷小结构的可能性. 然而, 这种关
系一般取决于连接曲线的选择. 这种效应可以用黎曼曲率张量无限小地测量. 在这
种方法中, 黎曼流形可以看作是一些点的集合, 其中的每个点都有一个无穷小的欧
几里得结构, 然后可以用路径相关的方式与其他点进行比较. 重点不在于单个点上
的无穷小欧几里得结构 (因为这是抽象的, 对于所有的点都是一样的), 而在于这些
结构在流形结构中编码的比较的具体可能性. 因此, 尽管它们是相同的, 但这些结
构在各个点上可以以一种可变的方式相互关联. 在这里, 外尔提出了一个重要的抽
象步骤. 欧几里得结构是克莱因几何的一个例子. 基于另一个克莱因几何形状时
也可以执行相同的过程. 黎曼本人已经阐明了流形作为只包含位置关系的对象与
带有额外度量结构的黎曼流形之间的区别. 现在将所描述的克莱因方法应用到流形
上, 我们最初只有一个线性无穷小结构, 即一个向量空间的结构, 其中向量可以被
添加、拉伸或压缩, 但还不能为它们指定长度. 通过比较流形上各点的无穷小线性
结构, 得到了外尔的仿射联络概念. 所以这是一个比度规联络更普遍的概念, 它与
黎曼流形的结构相连接. 还有一些中间情形. 特别重要的是保形结构. 这里可以测
量角度, 但不能测量长度. 从一个点到另一个点的变换留下一个未确定的标量因子.
外尔将其解释为一种规范自由, 因此在每一点上长度刻度都可以独立校准或测量.
这一思想在几何学和物理学的发展中产生了非凡的成果, 尽管外尔本人用这种方法
发展出的统一场论并没有取得成功. 外尔想把爱因斯坦的引力理论和麦克斯韦的
电动力学结合起来, 需要在点与点之间的转换中有一个规范自由. 然而, 最终的规
范因子依赖于连接路径, 这导致了不可接受的物理后果. 但后来, 当方法被修改, 使
规范因子不再是一个长度因子, 而是一个相位因子, 还包括更一般的不变性群和规
范的可能性, 这创造了杨–米尔斯理论, 这一理论成为现代基本粒子物理学的基础.
这将在第 6 章作更详细的解释. 具有讽刺意味的是, 外尔的动机和出发点是广义相
对论, 但他所发起的发展却导致了现代量子场论, 到目前为止还没有成功地将广义
相对论纳入其统一物理力的纲领中.

抽象地说, 现代物理学的目标是从一些基本原理中推导出现象世界的一部分, 这部分现象世界最初可能出现, 而且似乎是非常混杂的. 特别是, 一个好的物理理论应该包含尽可能少的、自由的、偶然的参数, 即这些参数在理论中没有指定, 尽管似乎每个物理理论都需要一些不可推导的或有常数. 光速就是一个例子, 它定义了空间和时间测量之间的关系. 例如, 基本粒子物理学的标准模型被今天的物理学家认为是不令人满意的, 因为这样的待定参数相对较多, 尽管它的预测能力令人印象深刻. 因为曲率在点与点之间变化, 所以提出了如何确定它的问题, 从黎曼几何的观点来说, 这似乎是一个描述物理空间的问题. 如果我们只说空间的结构是由它的曲率决定的, 那么从物理学上说等于没有任何的解释. 这就是亥姆霍兹的出发点. 如上面所述, 他从一个简单的原理 (即空间中物体的自由移动) 推导出更进一步的空间结构约束条件. 由于这一原理, 如亥姆霍兹所述, 必然导致一个常曲率空间, 因此只有一个参数, 它不是理论推导出来的, 而是经验确定的, 那就是这个常曲率的值. 然而, 黎曼的深远的观点是, 对于度规所给出的定量关系的解释, 不能从度规本身固有方面寻求, 而必须从作用于度规的外力中寻求[1]. 因此, 在黎曼看来, 曲率张量和空间结构必须由物理原理来确定, 从而消除了偶然参数的问题. 最初, 这个想法没有被理解或认真对待, 直到后来被爱因斯坦以惊人的方式证实. 一个例外是英国数学家克利福德 (W. K. Clifford, 1845—1879), 他翻译了黎曼的论文 (见第 3 章), 并写下了 "这种空间曲率的变化, 这就是我们所说的物质运动现象的真实情况" 的论断[2].

5.5 空间作为结构的几何表示工具

在 "假设" 和 "事实" 之间, 黎曼和亥姆霍兹有一个更本质的区别, 这一区别是理解现代物理学的核心, 即使它在接受史上没有发挥突出的作用. 亥姆霍兹的目标是一个本体论的目标, 即我们生活的实际空间, 我们通过收集感官数据和进行物理测量来获得知识的实际空间. 在这个意义上, 他想探索物理的本质和属性[3]. 相反, 对于黎曼来说, 空间是一个数学结构, 物理空间只是许多数学上可能的空间之一. 因此, 黎曼几何可以成为所有可能的 "流形" 的组织原则, 这些 "流形" 具有多样性, 但具有可比性. 在欧拉、拉格朗日、哈密顿和雅可比引入并考虑过的笛卡儿坐标描述和数学物理的相空间中, 已经出现了类似的东西. 此外, 高斯复平面的引入也可以从这个角度看出来. 这个复平面在黎曼关于复函数理论和阿贝尔积分的

---

① "我们必须在它之外寻找它的度量关系的基础, 在作用于它的约束力中", Riemann, *Hypotheses,* Chap. 3, pp. 69.

② W. K. Clifford, *On the space-theory of matter (abstract)*, Cambridge Philos. Soc., Proc., II, 1876, p. 157f, 以及他的 Mathematical Papers, ed. R. Tucker, London, 1882, pp. 21f.

③ 参考 Schiemann, *Wahrheitsgewissheitsverlust*, 然而, 也可以从亥姆霍兹的观点中看到关于物理学从本体论到现象学概念的转变的分析.

开创性著作中启发了黎曼曲面的概念. 任何集合中 (想象地, 不一定是物理上实现的) 对象或元素之间的关系可以通过它们在抽象空间中的相对位置来表示和可视化. 在黎曼之后, 几何几乎可以渗透到数学的所有领域, 这种发展在当代数学中仍在继续. 希尔伯特空间组织了量子力学状态, 巴拿赫空间包含了微分方程和变分问题的可能解, 格罗滕狄克构想了数论的几何描述, 在近几十年, 数论在这个数学领域出现了重大突破. 图的概念在各种应用中被用于表示和可视化离散元素之间可能的抽象关系.

现代理论高能物理学将基本粒子的散射实验结果解释为描述这些粒子在向量空间中的不变性群的表示. 在对已知物理力的概念统一的不同方法中, 这种现象学方法与以本体论为导向的广义相对论相冲突, 至今还没有一个明确的解决方案. 黎曼的方法成为以本体论为导向和致力于揭示时空结构的爱因斯坦理论的基本原则, 这可能是科学史上一个具有讽刺意味的事, 而李氏不变性群理论, 部分源于对亥姆霍兹本体论方法的数学说明, 则进入了量子场论的现象学视角, 量子场论的空间结构本质上纯粹是假设的.

5.6　黎曼、亥姆霍兹和新康德主义者

然而, 这已经预料到后面的发展, 将在下面更详细地说明, 我们现在谈谈黎曼和亥姆霍兹最初的接受情况.

如前所述, 正统的康德学派最初拒绝了黎曼和亥姆霍兹的观点. 他们关注空间的三维性及其无限延伸, 以及非欧几里得几何的作用. 然而, 并不是所有人都一致反对. 一群唯心论自然哲学家 (在当时非常有影响力的) 满怀热情地提出了四维空间的概念. 当时在英国, 一位广受欢迎的魔术师用一种显然从未完全揭开面纱的戏法使人眼前一亮, 相信他可以将左手的物体转换成右手的物体, 有人认为他是通过在另一个第四维度的空间中移动物体来实现这一点的[1], 也就是说, 他是进入第四维度的媒介[2].

---

[1] 见上文第 19 页, 偏手性与空间结构关系的康德论证分析.

[2] 唯心论的媒介是 Henry Slade (1840—1904). 例如, 天体物理学的创始人 Karl Friedrich Zöllner (1834—1882) 就是被他所吸引的科学家之一, 他因此毁掉了自己的科学声誉. 有关详情请参阅 Rüdiger Thiele, *Fechner und die Folgen außerhalb der Naturwissenschaften*, in:Ulla Flix(ed.), Interdisziplinäres Kolloquium zum 200. Geburtstag Gustav Theodor Fechners, Max Niemeyer Verlag, Tübingen, 2003, 67-111. 或者 Klaus Volkert, http://www.msh-lorraine.fr/fileadmin/images/ preprint/ppmshl2-2012-09-axe6-volkert.pdf. 然而, 亥姆霍兹仍然持怀疑态度. 当代的介绍可以看 F. Klein, *Vorlesungen über die Entwicklung der Mathematik im 19. Jahrhundert*, 以及, 例如, 由理论物理学家写的一个相当自由的故事见 Michio Kaku Hyperspace:*A Scientific Odyssey Through Parallel Universes, Time Warps, and the 10th Dimension*, Oxford, Oxford Univ. Press, 1994, 它提出了更高空间维度的可能性, 作为黎曼发现的基础并在当时引起轰动. 在黎曼之前, 在不同的背景下, H. Grassmann, *Die lineale Ausdehnungslehre*, Leipzig, 1844, 对任意维空间进行了系统的数学分析, 建立了线性代数.

只有在爱因斯坦的广义相对论中, 黎曼的中心思想, 即空间度量的基础和确定问题, 才成为讨论的中心. 在此基础上, 新一代的哲学家试图将黎曼和亥姆霍兹的论证纳入康德体系[1]. Ernst Cassirer 和 Hans Reichenbach 是试图对黎曼和爱因斯坦的理论进行哲学渗透的杰出代表.

现在我们来看看其中的一些学术方向.

5.7 几何公理基础

李提出并处理了群理论下的几何公理基础问题[2]. 由于他寻求的概念是基本的并尽可能是初等的, 黎曼的方法比亥姆霍兹的方法似乎更不适合他的目的. 黎曼通过对无穷小线元积分得到空间的局部性质, 线元和积分都不是公理目的的充分的基本概念. 亥姆霍兹虽然从空间中物体运动的基本公理出发, 但是因为他以一种数学上不合理的方式, 即从局部到变换群的无穷小性质并且在此基础上没有恰当的群概念, 因此亥姆霍兹仍受到了李的批判. 此外, 亥姆霍兹所建立的单值公理也是多余的, 因为其他公理已经包含了这一点. 然后李提出了他自己的一套关于空间物体的无穷小自由移动的公理, 然后证明了在三维及更高维度上允许这种柔性流动的空间必然是局部欧几里得空间、双曲空间或球面空间 (用他那个时代的术语来说, 后两种几何结合在一起被称为非欧几里得几何). 因此, 它是一个具有常黎曼曲率的空间, 但李并没有追求这一解释. 然而, 在二维空间中, 还有其他的可能性. 在任何情况下, 向三维以上的过渡对于李来说已经是一个数学问题了, 这不再需要任何关于物理或哲学性质的辩解或讨论. 如果无穷小的假设被局部假设所代替, 问题就会变得更加困难, 李只能在三维情况下成功地解决它[3]. 一个物体所有可能的运动构成一个群是李的中心假设, 这意味着两个运动的连续应用再次产生一个运动, 任何运

---

① L. Nelson, *Bemerkungen über die Nicht-Euklidische Geometrie und den Ursprung der mathematischen Gewißheit*, Abh. Friessche Schule, Neue Folge, Vol. I, 1906, 373-430; W. Meinecke,*Die Bedeutung der Nicht-Euklidischen Geometrie in ihrem Verhältnis zu Kants Theorie der mathematischen Erkenntnis*, Kantstudien 11, 1906, 209-232; P. Natorp,*Die logischen Grundlagen der exakten Wissenschaften*, Leipzig, 21921, 309f.; G. Martin,*Arithmetik und Kombinatorik bei Kant*, Itzehoe, 1938; the same, *Immanuel Kant*, Berlin, 4th ed., 1969.

② S. Lie,*Über die Grundlagen der Geometrie*, Ber. Verh. kgl. ″=sächs. Ges. Wiss. Lpz., Math.-Phys. Classe, 42. Band, Leipzig, 1890, 284-321, and S. Lie,*Theorie der Transformationsgruppen, Dritter und Letzter Abschnitt*, unter Mitwirkung von F. Engel, Leipzig, Teubner, 1888-1893, New York, Chelsea, 2 1970, Abtheilung V. 李阐明自己已经意识到黎曼和亥姆霍兹已经在 1869 年完成的工作, 克莱因指出, 在这些研究中, 连续群的概念是含蓄地包含在内的, 但他自己直到 1884 年才转向黎曼和亥姆霍兹的考虑, 那时他已经系统地提出了自己的连续群理论 (S. Lie,*Transformationsgruppen*, p. 397). 有点奇怪的是, 在霍金斯的*Lie Groups* 一书中, 亥姆霍兹并没有出现在李的数学发展介绍中, 而是只出现在基灵的介绍中.

③ Lie, *Transformationsgruppen*, pp. 498-523.

动都可以通过应用它的逆过程来逆转.

然而, 数学家转译亥姆霍兹并不精确地阐述并且形式上也没有令人满意地用精确的数学形式表达出来的关于空间结构的思想, 这在李看来是不正确的. 李反而扭转了这个问题. 亥姆霍兹想从经验证明的公理中推导出空间的结构. 相反, 李从一开始就希望为特定的几何类型提供一个公理基础: "黎曼–亥姆霍兹问题 ……需要识别欧几里得运动体系和非欧几里得体系的共同性质, 并将这三个体系与所有其他体系区分开来. "① 对于李来说, 公理化的目标不再是空间的度量, 而是运动群的表征. 这自然符合李氏研究计划的背景 —— 变换和对称群理论. 菲利克斯·克莱因的不变性群理论的意图也朝着类似的方向发展. 但是在这里, 我不打算分析李和克莱因的研究方案之间的复杂关系.

几何学的公理基础最为突出的是由大卫·希尔伯特发展起来的.② 希尔伯特在他的《几何基础》一书中列出了五组公理, 它们共同构成了三维欧几里得几何的公理化体系. 这些公理是:

1. 关联公理, 将点、线和平面这三个基本术语联系在一起 (例如, 任何两个不同的点恰好位于一条直线上).

2. 顺序公理, 它特别定义了 "在 …… 之间"(between) 这个术语, 并规定进入三角形的线也将从该三角形中穿出.

3. 合同公理, 它也定义了运动的概念, 使距离和角度的比较成为可能.

4. 平行公理, 这条公理等价于古老的欧几里得平行假设, 即通过直线外的一点, 只有一条直线不与该直线相交.

5. 首先是连续公理, 所谓的阿基米德公理, 当足够经常重复给定的参考距离, 可以覆盖任何其他给定的距离. 其次是完备性公理, 即给定的点、线和面系统不能

---

① "Das Riemann-Helmholtzsche Problem ... verlangt die Angabe solcher Eigenschaften, die der Schaar der Euklidischen und den beiden Schaaren von Nichteuklidischen Bewegungen gemeinsam sind und durch die sich diese drei Schaaren vor allen anderen möglichen Schaaren von Bewegungen auszeichnen."(我的翻译) Lie, *Transformationsgruppen,* p. 471(原文强调) 和类似的提法, 第 397 页同上.

② David Hilbert, *Grundlagen der Geometrie,* Leipzig, Teubner, 1899; 13th ed., Stuttgart, Teubner, 1987(有 5 个附录, 其中有几篇希尔伯特的文章被转载, 还有保罗·伯奈斯的附录) 和第 14 版, Leipzig, Teubner, 1999, 附有这篇文章 Michael Toepell, *Zur Entstehung und Weiterentwicklung von David Hilberts Grundlagen der Geometrie,* 它处理希尔伯特的几何公理化方法之前和之后的发展; 关于第七版, 另见 Arnold Schmidt, *Zu Hilberts Grundlegung der Geometrie,* in: David Hilbert, *Gesammelte Abhandlungen.* Vol. 2, Berlin etc., Springer, (2) 1970, pp. 404-414. 此外 Michael Hallett, Ulrich Majer (Eds.): *David Hilbert's Lectures on the Foundations of Geometry, 1891-1902.* Berlin etc., Springer, 2004, 它不仅重印了 1899 年的原版, 而且在几何学的基础上再版了希尔伯特的其他出版物. 希尔伯特的原始文本是为当前系列编辑的 (Berlin, Heidelberg, Springer Spektrum, 2015 年), 并附有 Klaus Volkert 广泛的历史评论.

通过添加更多的元素而扩展, 而不违反至少一个其他公理.

因此, 完备性公理说明存在满足这些公理的最大元素集. 只有在阿基米德公理被接受的情况下才需要这样做. 然而, 正如希尔伯特所解释的那样, 这绝不是不言而喻的, 而是始终如一的可能. 希尔伯特的主要目的是证明公理的相容性和独立性. 通过构造一个所有公理都有效的模型, 实现了相容性. 在当前的情形下, 这个模型当然只是三维欧几里得几何. 通过将其中一个公理替换为另一个公理, 然后构造另一个相容的模型, 来显示其独立性. 例如, 非欧几里得几何模型证明了平行公理与其他公理的独立性. 然后, 希尔伯特系统地研究了上述哪个公理是证明基本几何定理所必需的, 哪些公理可以用来证明单个结果. 例如, 欧几里得的比例理论就不需要阿基米德公理.

上述可见, 连续性公理放在最后. 但在《几何基础》的附录四中, 希尔伯特相反地把这个公理放在他的考虑的开始, 进而得到了李氏变换群理论的一种新的系统方法, 这一方法不需要李的无穷小结构, 它必须假设可微条件. 总的来说, 希尔伯特的方法把数学引向了一个不同于黎曼或亥姆霍兹所设想的方向. 对希尔伯特来说, 公理或多或少是一种武断的规定, 而不是需要和服从经验检验的假设[1]. 希尔伯特准则是一系列公理的内部一致性 (相容性). 因此, 将所有数学都形式化的希尔伯特纲领的进一步发展不是我们课题的一部分. 然而, 应该指出的是, 希尔伯特的形式化目标, 以及公理在数学和部分物理中所扮演的相应角色, 已经得到了非常有争议的讨论, 并将继续得到这样的讨论.

希尔伯特启发了尼古拉斯·布尔巴基 (Nicolas Bourbaki) 的方法. 布尔巴基是一群法国数学家的笔名, 在 20 世纪五六十年代尤其具有影响力. 布尔巴基从基本公理出发, 发展并实施了一套系统地建立和构建所有数学的计划. 这些公理的选择完全是因为它们的内在一致性和产生理论的力量. 总是有不同的声音 (这指出了数学的直觉基础或物理事实的动机) 和不同的发现, 并批判性地将其与纯粹的形式主义对立起来以反对布尔巴基的形式方法. 同样, 在现代高能物理理论中, 量子力学[2]和量子场论[3]的公理化方法也不能真正发挥作用.

---

[1] Pirmin Stekeler-Weithofer, *Formen der Anschauung*, Berlin, de Gruyter, 2008, 与此相反, 借助康德的综合先天效度概念, 基于真实可构性命题, 分析了形式逻辑效度与几何命题真理性之间的关系. 这句话在这里必须足以作为一个非常广泛和有争议的讨论的新例子.

[2] John von Neumann, *Mathematische Grundlagen der Quantenmechanik*, Berlin, Springer, 1932; 英译见 *Mathematical foundations of quantum mechanics*, Princeton, Princeton Univ. Press, 1955.

[3] 见 Arthur Wightman, *Hilbert's sixth problem: Mathematical treatment of the axioms of physics*, Proc. Symp. Pure Math. 28, 147-240, 1976.

5.8　传　统　主　义

著名数学家亨利·庞加莱 (1854—1912) 发展了所谓的传统主义, 作为康德先验主义和亥姆霍兹经验主义的替代品[1]. 他的意图是分析空间及其几何概念是如何源于对感官数据进行比较和分类的脑力活动. 根据庞加莱的观点, 几何学并不是一门经验性科学, 因为它不受感官经验的修正, 几何学是一门精确的科学而不是近似的科学, 近似的科学就像所有由经验得到的陈述一样. 决定几何形状的标准反而是感官体验描述的简单性. 原则上, 这些可以用不同的几何方法来描述, 但是这些描述大多过于复杂, 因此被抛弃了. 这也将在爱因斯坦的思考中发挥重要作用.

传统主义[2]在 20 世纪上半叶得到进一步发展, 尤其是经过汉斯·赖兴巴赫 (Hans Reichenbach) 的工作. 然而, 在我看来, 对这种方法的关键断言似乎部分地表达了一种平凡的东西, 部分基于一种误解. 例如, 一个对传统主义很重要的论点是 (这一点在上面关于亥姆霍兹的考虑的讨论中已经讨论过了) 我们不能说是否有刚性的测量棒, 因为要找到它, 我们还需要其他工具, 而这个工具我们又需要把它们当作刚性的等等. 但这似乎无关紧要, 因为只要我们找不到刚性杆在常曲率空间中自由移动的物理区别, 在空间和杆件都有相同变形的情况下, 这种区别就没有物理意义, 而只是指同一事实的不同表示. 这方面在外尔的有重大影响的重力场解释中进行了阐述[3]. 或者如果我们从几何的角度来考虑这个问题, 我们可以利用黎曼的基本观点, 同一个流形, 也就是同一个几何情况, 在不同的坐标系中可以用不同的方式表示. 如果我们用曲线坐标表示欧几里得空间, 那么欧几里得直线也会以曲线的形式出现. 但这并不构成一个不同的几何, 只是相同几何的另一个坐标表示[4]. 这正是黎曼的主要结果之一, 从相同几何情况的不同表示可以推出不变量, 独立于所选表示的量. 在黎曼理论中, 这些是曲率, 但原理更一般. 这些量反映了基本的几何, 而坐标的非不变方面只是表示的工具. 例如, 我们使用地图集中的地图来表示弯曲的地球表面, 尽管这不可避免地会导致扭曲, 但是, 因为这种平面的二

---

[1] Henri Poincaré, *La science et l'hypothèse*, Paris, Flammarion, 1902; 重印版 Paris, Flammarion, 1968; 英译见*Science and hypothesis*, Walter Scott Publ. Comp. Ltd, 1905, 重印版 Dover, 1952. 详细分析也可见 Torretti, *Philosophy of Geometry from Riemann to Poincaré*.

[2] 广泛的讨论参见 Martin Carrier, *Raum-Zeit*. Berlin, de Gruyter, 2009.

[3] Hermann Weyl, *Raum, Zeit, Materie*, Berlin, Julius Springer, 1918; 7th ed. (ed. Jürgen Ehlers), Berlin, Springer, 1988.

[4] 上面提到的 Carrier 就是一个很好的例子. 空心地球理论认为地球是一个空心的球体, 环绕着天空. 在几何学上, 我们可以简单地通过地球表面的逆变换, 从通常的欧几里得几何过渡到这样的空心几何. 这个反演将欧氏空间的无穷远点映射到球的中心. 如果牛顿力学的运动定律也按照坐标变换规则 (张量演算) 变换, 那么所有的力学物理定律都和以前一样, 没有经验差异. 因此, 相同的物理事实用不同的坐标表示. 然而, 由于我们应用了非线性坐标变换, 在这些新的坐标中, 运动规律变得复杂, 因此欧几里得坐标变得更可取. 毕竟. 关于空心几何是不是真实几何的问题, 在这种背景下是毫无意义的, 因为它混淆了现实和其描述.

维表示在许多用途上特别方便. 因此, 传统主义的论点只是说, 相同的几何或物理事实上可以用不同的方式表示, 然而很明显, 最简单和最清楚的表示是最好的, 否则, 争论就把不变量的事实和它们的不同表示混淆了.

亥姆霍兹想通过观察物理力来确定真实的几何学 (或者根据上面的说明, 也许这是最好的表示). 因此, 哥白尼的日心行星系比托勒密的好, 确切地说比第谷·布拉赫的好. 在布拉赫系统中, 其他行星围绕太阳运行, 但太阳随后围绕地球运行. 哥白尼体系更可取, 因为太阳是这个系统的重心, 而不是地球.

虽然特定的坐标选择在标准几何中是有区别的, 比如欧几里得或双曲几何, 其中几何事实被特别简单地表示出来, 但在更一般的几何情况下, 例如在广义相对论中, 一般不再是这样. 因此, 为了对杆件和物体的刚度问题进行实证检验, 赖兴巴赫 (Reichenbach) 提出了表征的选择准则以及验证物理对象的无穷小变形的实验准则[①].

5.9 抽象空间概念

现代数学在黎曼所建立的空间概念的基础上, 进一步发展和推进了空间的概念化[②]. 从黎曼的思想出发, 戴德金和康托尔 (1845—1918) 提出了集合的概念, 这是一个比流形更抽象的概念[③]. 集合只是元素的集合[④], 最初没有进一步的结构. 在一个集合 G 中, 我们可以通过定义元素之间的邻域关系来构造拓扑空间. 这种结构的特点是公理化. 为此目的, 集合的某些子集称为开集. 必须满足的条件是空集和整个集合 G 本身都是开的, 而且有限多个开集的交集和可数多个开集的并集也是开的. 这些是拓扑空间的公理, 这是由豪斯多夫 (1868—1942) 提出并发展的一个概念. 除此之外, 在希尔伯特的意义上, 一切都是任意的. 特别地, 不需要对这一形式结构作出实质性的解释. 即使是平凡的极端例子也不例外. 例如, 拓扑的开集只由 G 本身和空集组成, 反之亦然, G 的所有子集都可以是开的. 这些例子对于理解概念的范围很重要. 同时, n-维欧几里得空间也称为一个拓扑空间, 当我们声明所有的球状邻域, 也就是说, 所有点的集合 $B(p,r)$ 都是开的, 这些点与给定点 p 之间的欧氏距离小于某个正数 r, 进而, 由有限多个球状邻域的交集或可数个球状邻域的并集得到的所有集合都是开集. 如果每个开集 U 的逆像, 即 f 映射到 U 的点集,

---

① Hans Reichenbach, *Philosophie der Raum-Zeit-Lehre,* Berlin and Leipzig, de Gruyter, 1928; reprinted as Vol. 2 of his *Gesammelte Werke,* Braunschweig, Vieweg, 1977; 英译 *The Philosophy of space and time,* Dover, 1957.

② 本节参考的是 Jügen Jost, *Mathematical concepts,* Berlin etc., Springer, 2015.

③ 关于集合概念的历史, 例如参见 José Ferreiros,*Labyrinth of Thought. A History of Set Theory and its Role in Modern Mathematics.* Basel, Birkhäuser, 1999.

④ 与集合概念相关的基本问题与我们的目的无关.

同样是一个开集, 则拓扑空间之间的映射 f 称为连续的.①②特别地, 连续性的概念因此是拓扑的, 而不是纯粹集合论的概念.

可以施加但超出连续性的其他条件, 需要拓扑空间 G 上的附加结构. 在这里, 20 世纪的数学提供了许多机会, 并研究了许多结构. 基于黎曼的考虑, 希尔伯特、外尔等对流形的形式概念进行了形式化的精确界定③. n-维流形 M 是一个拓扑空间, 它具有以下性质: 在局部通过局部坐标, 它可以与模型空间 (n-维的欧几里得空间) 有双射关系, 并且局部坐标的不同选择, 彼此是连续的、相互依赖的. 现在, 这不再是一个简单的概念, 我们已经多次提到的示例可以说明这一点. 我们将地球表面用一个球形表示. 地球的一部分可以用地图集中的地图表示. 地图图像是二维欧几里得的, 我们可以通过相互重叠的转换从一个地图传递到另一个地图, 这在两个方向上都是连续的.

对流形概念的数学问题再作一些评论④: 对于一般拓扑空间来说, 谈论维数是没有意义的. 维数的概念只产生于对流形概念下的模型空间的坐标引用. 然而, 流形的维数是唯一确定的, 这一点并不明显. 理论上, 流形可以由不同维数的欧几里得空间局部协调. 如上文第 49 页 (即 4.3 节) 所述, 布劳威尔 (1881—1966) 在 1911 年成功地排除了这种歧义. 因此, 每个流形都具有一个独特的维数. 点集拓扑学理论的创始人豪斯多夫指出, 流形上任意两个不同的点都必须具有不相交的坐标邻域, 即坐标描述必须足够精细, 能够将点彼此分开.

此外, 对流形概念还提出了另一种组合方法. 这里, 流形不是由坐标邻域覆盖的, 即由 n 个独立的函数局部描述, 而是由拓扑相同的部分无缝地组合在一起的, 即所谓的单形, 这些单形只能触摸到它们的表面, 但除此之外是不相交的. 例如, 像已经讨论过的球面这样的二维流形可以由小的曲线三角形组合而成. 然而, 在高维空间中, 研究的困难而导致了组合拓扑学领域的发展.

最后, 我们说一个流形是可微流形, 如果不同坐标系之间的变换总是可微的. 关于这个概念, 值得注意的是, 可微结构不是从单个坐标系的角度来考虑的, 而是从两个坐标系之间的关系来考虑的. 因此, 这个条件意味着不同的坐标描述必须在结构上相互兼容. 因此, 一个流形具有可微结构是指, 当流形包含一组坐标描述时,

---

① 这包括并概括了分析中著名的魏尔斯特拉斯 ε-δ 准则, 见下文.

② 关于这些概念及其历史的大量资料可在新版本的 Felix Hausdorff, *Grundzüge der Mengenlehre* (1914), 在 http://www.hausdorffedition.de 上的 Walter Purkert, *Historische Einführung*, 有背景的详细评论. 关于邻域公理的演化过程见 Frank Herrlich e. a.*Zum Begriff des topologischen Raumes. 3.2,Fundamentaleigenschaften von Umgebungssystemen*, 以豪斯多夫在 1912 年夏季学期的课程中所作的陈述为基础, 从历史的角度来处理文中所讨论的与 R'' 中的邻域公理的关系.

③ 有关详细的历史分析, 请参见 Erhard Scholz, *The concept of manifold*, 1850-1950. In: I. James (Hrsg.), *History of Topology*, Amsterdam etc., Elsevier 1999, pp. 25-64.

④ 有关详细信息, 请参阅: Scholz, *Manifold*.

这些坐标描述在结构上相互兼容并覆盖整个流形. 在什么条件下这是可能的问题,
这就产生了微分拓扑的数学领域.

一开始完全不同的结构是度规空间的结构. 同样地, 我们从一个集合 G 开始,
假设我们可以定义一个距离函数, 对于 G 中的两点 P 和 Q 指定一个距离 $d(P,Q)$.
这个距离必须满足下列公理: 两点之间的距离总是正的 (只有一点到自身的距离是
零). 距离是对称的, 即 P 到 Q 的距离等于 Q 到 P 的距离. 对于任意三点 P, Q, R,
三角不等式必须成立, 即 $d(P,Q)$ 不大于 $d(P,R)$ 与 $d(R,Q)$ 之和. 这些公理在欧几
里得距离的意义下仍然成立. 因此, 欧几里得空间在这个定义的意义上变成了度量
空间. 每个度量空间都是一个拓扑空间, 因为, 正如上面在欧几里得情形中所解释
的那样, 我们可以定义一个球状邻域 $B(p,r)$ 以及由它们生成的所有其他集合, 将
有限的交集和任意的并集作为开集来满足公理. 那么, 当通常分析中的 ε-δ 规则得
到满足时, 我们称度量空间之间的映射 f 是连续的, 即当对于 f 图像中每一个半径
为 $\varepsilon > 0$ 的球, 我们能找到一个半径为 $\delta > 0$ 的球包含前一个球在 f 下的原像. 换
句话说, 我们需要总能得到 f 下两点的像它们之间的距离是任意小的, 只要这些点
本身有足够小的距离.

任何黎曼流形都是度量空间, 因为在可微流形上的黎曼条件意义上的度量产生
了满足上述公理的距离函数. 然而, 可微流形的局部坐标表示并不是用度量的形式
给出的, 因为局部欧氏图中的欧氏距离不一定与流形上的距离一致. 在我们上面的
例子中, 这是制图学的问题, 即地球和地图集中的图册之间的映射没有、事实上也
不能保持距离, 必然会扭曲一些距离的比率.

同样, 现代数学也理所当然地引入了各种不同的几何结构. 如上所述, 这种方
法 (和希尔伯特有特殊的联系), 在第二次世界大战后被布尔巴基学派 (一群法国数
学家的笔名) 系统化了, 并被宣布为所有数学的基础. 虽然后来形成了反对运动, 这
种结构和公理方法的影响到现在已经显著下降, 但它仍然在许多方面影响了数学的
发展, 特别是在代数几何、算术和泛函分析领域. 正如所述, 黎曼通过对抽象概念方
面的阐述, 应该被认为是现代结构数学的第一个先驱. 然而, 在黎曼几何本身, 这种
抽象方法变得不那么重要了, 至少最近是这样. 这里具有指导研究的一个重要问题
是一个无穷小的黎曼流形的曲率与这个流形的全局拓扑结构之间的关系, 即黎曼引
入的两个主要基本概念之间的关系.

第6章 现代研究

黎曼几何是当今数学的核心和重要组成部分, 与其他领域有许多联系. 这是没有争议的. 哲学上的辩论和争论在很大程度上是确定的. 虽然现代物理学仍然在为各种力的统一这一基本问题仍在进行努力, 特别是, 一方面电磁力、弱相互作用力和强相互作用力已经在所谓的标准模型上得到统一, 但是另一方面在重力的统一方面, 毫无疑问, 黎曼几何为此提供了一种基本形式.

因此, 研究状况的概述只能概括当代各种研究方向的基本思想和陈述, 只要不使用专门的研究形式和相应的现代术语, 就完全有可能做到这一点.

故本节的目的只在于解释关键概念和结果, 而不是追溯它们的历史发展. 关于详细资料和文献参考, 我们需要参考书目中列出的专著和专题研究.

6.1 流形的全局结构

最近研究的一个中心和指导问题是流形的拓扑结构和它所能携带的黎曼度量之间的关系. 我们在介绍黎曼的考虑时已经解释过, 球面是一个二维流形, 它不能携带任何曲率为负或消失 (为零) 的度规. 因此, 在更高维度上提出相应的问题是很自然的. 然而, 它首先需要被指定我们所说的负曲率或正曲率是什么意思, 因为黎曼曲率是由一个更高维度的张量给出的, 而不是由一个数字给出的. 在这个张量中, 数字可以用不同的方法得到. 最重要的可能性是测量流形的二维子结构的曲率, 这也与黎曼本人对曲率的设想相一致. 这就是所谓的截面曲率, 即由两个独立方向张成的无穷小平面的曲率. 由于这些平面是曲面, 即二维结构, 所以它们的曲率被简化为单个实数. 我们说黎曼流形具有负截面曲率, 如果在所有这些平面的所有点上, 曲率都是负的. 有了这个概念, 我们就可以证明, 例如, 球面的高维类似物, 也就是所谓的球体, 同样不能带有负曲率的度规. 更一般地, 具有固定符号截面曲率的度规的存在, 无论是正的还是负的, 都会导致底层流形上的强拓扑约束. 这对于理解可能的空间结构很重要. 负弯曲度量理论与动力系统理论也有着密切的联系. 原因是, 对于负曲率, 测地线也就是最短的连接, 也就是欧几里得直线的类似物, 它们从同一点开始, 以指数形式发散, 而不是像欧几里得空间那样只有线性发散. 这种指数发散恰好对应于即使是最小差异的指数放大, 这是所谓混沌动力学的特征. 因此, 测地流, 即在负曲率空间中追踪测地线, 就是混沌动力系统的一个例子, 所以, 为此目的而发展的数学方法可以应用于研究这种几何, 反之亦然. 因此, 黎曼几何为混沌动力系统提供了一个重要的例子, 从中可以获得对混沌的新认识. 另一方面, 正曲率黎曼流形理论则指向完全不同的方向. 如果曲率不仅是正的, 而且几乎是常数, 那么底层空间必须具有球体的拓扑结构, 这是我们从 Rauch、Klingenberg 和 Berger 在 20 世纪 60 年代提出的基本球体定理就知道的. 然而, 目前正曲率空间理论远没有负曲率空间理论完善. 在任何情况下, 球面本身甚至带有一个常曲率度规, 而常曲率空间是几何中的重要模型, 可以与其他黎曼流形的性质进行比较. 所谓的空间形式, 常曲率空间 (无论是正的、负的还是零的) 本身的分类早已完成. 正如黎曼和亥姆霍兹已经认识到的, 这些空间正是刚体自由移动的可能空间. 然而, 这里的问题本质上是一个拓扑或群理论问题. 问题的核心是通过构造商空间从模型空间 (即球面或欧几里得空间或双曲空间) 中得到新的常曲率空间和更复杂的拓扑类型. 考虑一个二维的例子, 它也可以用同样的方法推广到任何维度. 我们取球面并把对径点看成完全一样, 也就是所谓的对径点. 譬如说, 我们把北极和南极等同起来. 用这种方法, 我们构造了一个新的空间, 所谓的射影平面, 或者说椭圆几何空间, 它的每一点对应于我们开始时球面上的一对点 (即一对对径点). 这种结构的群理论方面的根源是基于这样的事实, 即球体的运动使得每个点都运动到它的对径点而距离关系保持不变, 因为这两点之间的距离等于它们对径点之间的距离. 这种保持距离关系不变的空间运动称为等距变换. 等距变换构成一个群, 因为两个等距变换的连续应用还是一个等距变换. 这已经是菲利克斯·克莱因和索菲斯·李理论的基本观点.

同样地, 欧几里得平面的平移 (平移) 构成一个群. 例如, 这个平移群的一个子集是由那些通过整数数量 (而不是一般的实际数量) 改变一个点的两个坐标的平移组成的群, 因为两个这样的整数移位的组合再次产生一个整数移位. 如果现在确定平面上的任意两点可以通过这样的整数平移相互转换, 或者, 根据上述同样的方法, 它们的坐标彼此只相差一个整数, 我们得到一个新的环面的表面连通条件. 这样的曲面叫做环面. 就像欧几里得平面一样, 这样的环面也有一个曲率为零的度规 (虽然这不能作为三维欧几里得空间中曲面的度规来实现; 然而, 它可以在四维欧几里得空间中实现, 简单而言就像欧几里得平面上两个圆的乘积). 双曲非欧几里得平面也允许这样的商 (空间). 特别地, 这与黎曼提出的最重要的数学理论 —— 黎曼曲面有着密切的联系, 黎曼曲面是以他的名字命名的. 事实上, 每一个这样的商都以一种自然的方式携带着黎曼曲面的结构, 这些曲面的集合就引出了黎曼模空间的概念. 在任何情况下, 常曲率空间的分类, 或者在球面等距群、欧几里得空间和双曲空间的离散子群分类的群理论公式中, 都已经被数学家们解决了 [1]. 然而, 黎曼几

---

[1] 例如, 请参见汇编 *Raumtheorie*, ed. Hans Freudenthal, Darmstadt, Wiss. Buchges., 1978, 然而, 这导致了一些偏离现代几何主流课程的研究方向, 或者更主流的处理参见 Joseph A. Wolf, *Spaces of constant curvature*, New York, McGraw-Hill, 1967.

何与群理论之间的关系更为普遍. 除了常曲率模空间, 还有其他具有传递等距群的黎曼流形, 即任何点都可以通过适当的等距映射到任何点. 这就引出了李群的分类理论 (因为等距群是李意义上的变换群)、对称空间的理论①(由于这是这些空间的名字), 以及由等距的离散群构成的商群. 这些理论是通过基灵、嘉当、外尔发展起来的. 对称空间是黎曼几何中一类重要的模型空间. 此外, 它们还与数论有很深的关系, 而数论在 20 世纪的数学研究中被证明是重要的. 但是, 这里不讨论这个问题. 回顾一下上面我们在整数的帮助下构造了圆环面的事实, 在这里作为一个简单的例子就足够了. 无论如何, 这表明了代数、几何和分析结构的深刻和基本的统一, 这无疑受到了黎曼毕生工作的启发, 也激发了现代数学研究中可能最重要的部分.

我们提出了黎曼截面曲率的概念, 用数值来表示流形的曲率行为. 对于一个 n-维黎曼流形中的每个点, 我们用这种方法得到了 $n(n-1)/2$ 个数字, 因为在一个点上有那么多独立的平面方向平均来说可以将这个数字减少到更少. 对所有包含一个固定方向的平面求平均, 我们得到了所谓的里奇张量, 它在每个点上, 在每个坐标系中, 然后由 n 个数给出, n 是每个点上独立方向的个数. 通过对所有这些方向求平均, 我们在每一点得到一个数字, 即所谓的标量曲率. 如果我们最终对流形上点的标量曲率积分, 那么整个流形只剩下一个数字, 即所谓的总曲率. 当然, 每一个这样的平均步骤都是一种粗化. 因此, 对象类变得更加通用. 例如, 与具有正截面曲率的流形相比, 具有正标量曲率或里奇曲率度量的流形要多得多. 在大于 2 的维数中, 如 Lohkamp 所揭示的, 令人惊讶的是, 每个流形甚至可以携带负里奇曲率的度量. 这意味着负里奇曲率度量的存在蕴含着流形上没有结构的限制. 当里奇曲率为正时, 情况就不同了. 当前一项重要的研究活动系统地研究了那些允许具有正里奇曲率的度规的空间. 到目前为止, 已经发展了许多数学方法, 并对这些空间的结构有了许多了解. 有点令人惊讶的是, 这里的情况比具有正截面曲率的黎曼度量的空间要清晰得多, 尽管后者的条件比前者更强. 如果我们要总结黎曼几何及其扩展的研究现状, 那么我们应该说, 允许负截面曲率 (或者从某种程度上说, 非正更普遍的些) 或正里奇曲率的空间结构理论发展得相当不错. 此外, 对三维流形的里奇曲率的研究, 最近导致了一个最困难的拓扑问题和一个最著名的数学问题 —— 庞加莱猜想的解决, 这是由佩雷尔曼解决的. 虽然不是每个三维流形可以携带一个正的里奇曲率的度规, 尽管如此, 通过度规向常数里奇曲率的变化, 底层流形可以被分解成多个部分, 然后可以配备恒定的里奇曲率度量, 因此我们可以在三维空间中分类. 这里, 我们看到一个基本的概念, 特别是由丘成桐提出的, 它把拓扑学、几何学和微积分结合在一起, 并导致了许多其他重要问题的解决. 流形的概念就其本身而言仍然还没有包含度量. 然而我们可以把它反过来, 在某种意义上, 一个和拓扑对

---

① 见上文第 5.3 节.

象相同的流形可以携带许多不同的黎曼度量. 现在, 我们可以尝试, 这是一个富有成果的想法, 通过优化原则, 在这些可能的度量中选择一个特别有利的度量. 如果找到了这样一个度量, 而这通常是最基本的技术难点, 那么这样一个度量作为一个优化问题的解就具有特定的性质, 这使得对底层流形的结构得出结论成为可能. 应该指出, 这不是一个逻辑循环, 因为为了证明最优度量的存在, 我们需要使用流形的属性. 然后, 最优度量允许从这些基础属性派生出其他属性, 而使用其他方法通常很难或不可能获得这些基础属性. 在相反的方向上, 我们也可以使用拓扑方法来获得黎曼流形的大量几何信息, 米哈伊尔·格罗莫夫 (Mikhail Gromov) 特别地证明了这一点.

6.2 黎曼几何与现代物理学

黎曼几何的概念不仅是广义相对论的基础, 也是现代量子场论和理论基本粒子物理学的基础, 从所谓的标准模型到诸如弦理论等的最新发展.

为了讨论这个问题, 我们需要对流形的概念进行一个重要的推广, 即纤维丛的概念. 如前所述, 流形是具有定性位置关系的不同点的集合. 这个概念现在可以通过使用另一个对象而不是一个点来扩展. 对于几何和理论物理, 特别重要的这类对象的例子是李群和向量空间. 这样一个对象表示纤维的模型, 而纤维丛则是所有纤维的集合, 其方式类似于流形. 如果我们压缩这些纤维的结构, 只把这些纤维理解为点, 我们又得到一个流形. 该流形参数化了纤维样本的集族. 然而, 各种纤维的相对位置仍未确定. 这意味着还必须指定如何从一根纤维的特定元素传递到另一根纤维的特定元素. 表达这一点的概念称为纤维丛上的联络. 这可以看作是上述列维-奇维塔平行移动的推广, 它表示如何将一个点上的方向元素沿着给定的曲线平行移动到另一个点上的方向元素. 定向元素提供了一个重要的纤维丛的例子, 即流形的切线丛. 流形上一点的方向元形成属于这一点的纤维, 称为这一点的切空间. 这里的抽象纤维是一个与底层流形维数相同的向量空间, 这一点上线性无关方向的个数, 即切空间的维数, 只由流形的维数提供. 更一般地说, 如果一个纤维丛的纤维是向量空间, 那么它就是一个向量丛.

因此, 我们已经看到了纤维最重要的例子之一, 即向量空间. 另一个例子是一个李群. 这两个例子是相互依赖的, 因为一个向量空间的保结构变换形成一个李群, 反过来, 一个李群可以作用于一个向量空间. 这里有一个李群的表示.

因此, 李群作为一个抽象的对象, 通过它的运算, 它在向量空间上的表示, 变得具体起来. 这是理论粒子物理学的基础. 一种基本粒子, 或者更确切地说, 一种粒子类型, 如电子或一种特殊的夸克, 是由它的对称性来概念化的, 因此用其他对称性来区别于其他粒子. 对称可以通过一个李群来表示. 但是粒子只有在一个矢量空间上通过这个基团的作用才能实现, 粒子散射实验的观测数据也是在这个框架下解释的. 粒子本身是不变的, 但在观测中不变性被打破, 人们发现了向量空间丛的一个特定的纤维元素. 纤维因此表达了粒子的各种可能的表现形式. 现在, 这可能意味着某种类似与作为点的并置的流形概念, 即使这种类比的可行性相当不清楚, 并导致基本力统一的基本问题. 正如纤维的各个元素对应着一个本质上是对称的粒子的不同具体表现一样, 也就是说, 对于这种对称的观察或可能的破坏, 洛伦茨流形中的一个点同样可以被解释为一种状态的具体表象, 这个状态本身与它在空间和时间中的位置是无关紧要的.

然而, 基本力的统一似乎更为困难. 目前最流行的方法之一, 即弦理论, 不再使用类点粒子, 但是它的基本对象, 即弦, 有一个循环的结构. 然而, 不同的粒子对应于这些弦的不同激发态或振动态. 如果这样一个环, 即一维物体, 在时空中运动, 它会扫过一个表面, 这个表面可以再次解释为黎曼曲面. 因为根据量子力学的原理, 我们不能指定要穿过哪个面, 我们只知道, 更小的区域, 更精确地说, 那些有更小的作用积分的表面, 比更大的表面更有可能, 我们必须在所有可能的黎曼曲面上形成一个所谓的费曼积分. 基础的数学结构导致了一个迷人的收敛范围广泛的数学领域. 考虑到额外的对称性, 即所谓的超对称性, 在玻色子或相互作用粒子和费米子或物质粒子之间, 或者另一方面, 导致了超弦理论. 然而, 由于数学一致性的原因, 这要求不再是四维的, 而是十维的时空连续体. 这六个额外维度被认为是如此之小, 以至于在宏观上是看不见的. 由于粒子对称性的存在, 这些小空间必须携带某种黎曼度规, 黎曼度规具有逐渐消失的里奇曲率, 这个空间以它们的发现者矢拉比-丘命名 —— 矢拉比-丘空间.

黎曼的愿景是把几何学、物理学和自然哲学结合起来. 他自己无法实现这个梦想. 150 年后的今天, 我们仍然没有完全实现统一, 但我们可能已经在一定程度上接近它. 无论取得什么成就在本质上都依赖于基本概念, 并被黎曼提出的卓越思想渗透.

第 7 章　附评注的书目选编

本参考书目并未打算是完整的. 有关的特殊文献已经列在脚注中了. 年份前的上标表示版本的编号. 例如, ^{2}1990 表示 "第二版, 1990 年".

7.1　文本的不同版本

最初的文献是 1854 年 6 月 10 日黎曼的就职演讲. 该书是理查德·戴德金 1868 年在黎曼去世后才出版的:

Bernhard Riemann, Über die Hypothesen, welche der Geometrie zu Grunde liegen. (Aus dem Nachlaß des Verfassers mitgetheilt durch R. Dedekind). Abh. Ges. Gött., Math. Kl. 13 (1868), 133-152.

重印版

Bernhard Riemann's gesammelte mathematische Werke und wissenschaftlicher Nachlass. Herausgegeben unter Mitwirkung von Richard Dedekind von Heinrich Weber, 1. Aufl., Leipzig, Teubner-Verlag, 1876, 254-269; 2. Aufl. bearbeitet von Heinrich Weber, Leipzig, Teubner-Verlag, 1892, 272-287.

根据 1892 年收集作品的版本和 1902 年的补充. (Bernhard Riemann, *Gesammelte mathematische Werke. Nachträge.* Herausgegeben von M. Noether und W. Wirtinger. Leipzig, Teubner-Verlag, 1902), 最近的版本有

Bernhard Riemann, *Collected works,* with a new introduction by Hans Lewy, New York, Dover, 1953.

Bernhard Riemann, *Gesammelte mathematische Werke und wissenschaftlicher Nachlass und Nachträge. Collected Papers.* Nach der Ausgabe von Heinrich Weber und Richard Dedekind neu herausgegeben von Raghavan Narasimhan, Berlin etc., Springer-Verlag, and Leipzig, Teubner-Verlag, 1990, 304-319 (this edition has a double pagination, in addition to the sequential one also a reproduction of the Weber-Dedekind edition from 1892).

黎曼的就职演讲也被转载为 Bernhard Riemann. *Über die Hypothesen, welche der Geometrie zu Grunde liegen.* Neu herausgegeben und erläutert von H. Weyl, Berlin, Springer-Verlag, 1919, ^{3}1923.

这一版本连同外尔的评注依次转载于: *Das Kontinuum und andere Monographien*, New York, Chelsea Publ. Comp., 1960, ²1973. 序言和外尔的评论也重印在 "Narasimhan" 版本的 740—768 页中.

C. F. Gauß/B. Riemann/H. Minkowski, *Gaußsche Flächentheorie, Riemannsche Räume und Minkowskiwelt*. Herausgegeben und mit einem Anhang versehen von J. Böhm und H. Reichardt, Leipzig, Teubner-Verlag, 1984, 68-83.

翻译可在

Bernhard Riemann, *Œuvres mathématiques*, traduites par L. Langel, avec une préface du M. Hermite et un discours de M. Félix Klein, Gauthier-Villard, Paris, 1898, reprinted by Ed. Jacques Gabay, Paris, 1990, 2003, also available from Univ. Michigan Press, 2006.

William Kingdon Clifford (1845–1879) in *Nature*, Vol. VIII, Nos. 183, 184, 1873, pp. 14-17, 36, 37; reproduced in W. Clifford, *Mathematical papers,* edited by Robert Tucker, with an introduction by H.J. Stephen Smith, London, MacMillan and Co., 1882, pp. 55-71 (this translation is reproduced here)

David E. Smith, *A source book in mathematics,* McGraw-Hill, 1929, and Mineola, N. Y., Dover, 1959, 411-425.

Michael Spivak, *A comprehensive introduction to differential geometry,* Vol. 2, Berkeley, Publish or Perish, 1970 (with commentary).

黎曼关于热扩散的文章有 Commentatio mathematica, qua respondere tentatur quaestioni ab Illma Academia Parisiensi propositae: "Trouver quel doit être l'état calorifique d'un corps solide homogène indéfini pour qu' un système de courbes isothermes, à un instant donné, restent isothermes après un temps quelconque, de telle sorte que la température d'un point puisse s'exprimer en fonction du temps et de deux autres variables indépendantes", 黎曼把他的几何概念转化为数学形式体系, 可以在 "Gesammelte Werke, 2. Aufl., 423-436" 中找到, 附有编辑们发表的大量评论, 同上 437–455 页 (根据 "Narasimhan" 版本的页码). 在 Böhm 和 Reichardt 编辑的卷中的第 115–128 页, 有一个由 O. Neumann 对拉丁文作了德文翻译的版本. 带有详细注释的部分译文见 Spivak, Vol. 2[①] 亥姆霍兹的文本最初出现在

Hermann Helmholtz, *Ueber die thatsächlichen Grundlagen der Geometrie,* Verhandlungen des naturhistorisch-medicinischenVereins zu Heidelberg, Bd. IV, 197-202, 1868; Zusatz ebd. Bd. V, 31-32, 1869.

---

① 正如 Spivak 在他的前言中所写的那样, "我不懂拉丁文的事实并没有对我造成多大的阻碍", 你不应该期望很高的语言学准确性.

Hermann Helmholtz, *Ueber die Thatsachen, die der Geometrie zu Grunde liegen*, Nachrichten der Königl. Gesellschaft der Wissenschaften zu Göttingen 9, 193-221, 1868.

后引于此

Hermann Helmholtz, *Wissenschaftliche Abhandlungen*, Bd. 2, Leipzig, Johann Ambrosius Barth, 1883[①]

再者

Hermann Helmholtz, *Ueber den Ursprung und Sinn der geometrischen Axiome*, in: *Populäre wissenschaftliche Vorträge*, Heft III, 21-54, and in ders., *Vorträge und Reden*, Bd. II, Braunschweig, 1-31, 1884, 我在此引用

Hermann von Helmholtz, *Schriften zur Erkenntnistheorie*. Kommentiert von Moritz Schlick und Paul Hertz. Herausgegeben von Ecke Bonk, Wien/New York, Springer, 1998, 这是他一百周年诞辰的重印版, Berlin, Springer, 1921. 另一个新版本是

Hermann von Helmholtz, *Schriften zur Erkenntnistheorie*. Herausgegeben von Moritz Schlick und Paul Hertz, Saarbrücken, Dr. Müller, 2006.

此外

Hermann Helmholtz, Ueber den Ursprung und Sinn der geometrischen Sätze; Antwort gegen Herrn Professor Land, in his, Wiss. Abh., Vol. II (英文译本出现在 Mind 3, 212-225, 1878),

还与他关于这一主题的其他著作一起转载于

Hermann von Helmholtz, *Ueber Geometrie*, Darmstadt, Wiss Buchges., 1968.

一个略短的版本也可在附录中找到

Hermann von Helmholtz, *Die Thatsachen in der Wahrnehmung*, Berlin, A. Hirschwald, 1879, 这后来又被再版在他的 *Schriften zur Erkenntnistheorie* 中

Hermann Helmholtz, *Gesammelte Schriften*, mit einer Einleitung herausgegeben von Jochen Brüning, 7 Vols. in 19 Subvols., Hildesheim, Olms, 2001ff

还没有完成.

7.2 书 目

有一个关于黎曼的广泛的参考书目, 由 W. Purkert 和 E. Neuenschwander 编辑在 Narasimhan 版本的作品集中. 关于黎曼几何学的数学研究论文太多, 无法在

---

① 然而, 在 610 页, *thatsächlichen Grundlagen* 的出版年份似乎是错误的, 应该是 1866 年而不是 1868 年. 亥姆霍兹在第 611 页特别提到, 黎曼的著作出版于 1868 年.

书目中列出它们. 更新的文献收集在预印服务器 http://arXiv.org 中的 *Differential Geometry* 类别中.

7.3　介　　绍

《黎曼传》是戴德金为《文集》所作的传记, 也是黎曼生平资料的重要来源. 更多的传记细节可以在这里找到

Erwin Neuenschwander, *Lettres de Bernhard Riemann à sa famille,* Cahiers du Séminaire d'Histoire des Mathématiques 2, 85-131, 1981.

黎曼的科学传记是

Felix Klein, *Riemann and his significance for the development of modern mathematics,* Bull. Amer. Math. Soc. 1, no. 7, 165-180, 1895 (translated from the German *Riemann und seine Bedeutung für die Entwicklung der modernen Mathematik,* J-Ber. Deutsche Mathematiker-Vereinigung 4, 71-87, 1894/95, reprinted in the same, *Gesammelte mathematische Abhandlungen*, Bd. 3, 482-497, Berlin, Springer, 1923).

Hans Freudenthal, *Riemann, Georg Friedrich Bernhard,* Dictionary of Scientific Biography, Vol. 11, New York, 447-456.

L.Z. Ji, S.T. Yau, *What one should know about Riemann but may not know?* to appear.

Detlef Laugwitz, *Bernhard Riemann 1826–1866. Turning points in the conception of mathematics* (translated from the German), Boston, Birkhäuser, 2008.

Michael Monastyrsky, *Riemann, topology, and physics,* Boston etc., Birkhäuser, [3]2008

讨论了黎曼思想的影响有

Krysztof Maurin, *The Riemann legacy. Riemannian ideas in mathematics and physics of the 20th century,* Dordrecht, Kluwer, 1997.

　　我们现在提到一些关于数学历史的论文.

　　对于我们的话题来说, 最重要的仍然是

Felix Klein, F. Klein, *Development of mathematics in the 19th century,* with a preface and appendices by Robert Hermann. (Translated by M. Ackerman from the German *Vorlesungen über die Entwicklung der Mathematik im 19. Jahrhundert,* 2 Vols., Berlin, Springer, 1926/7, reprinted as a single vol., Berlin etc., Springer, 1979.) Lie Groups: History, Frontiers and Applications, IX. Math. Sci. Press, Brookline, Mass., 1979. 关于黎曼, 特别参看 pp.175-180. 克莱因本人不仅是一

位重要的数学家, 而且他还能从他与大多数主要人物的个人交往中展示数学的发展.

关于数学思想史的概括性和全面性, 我们指的是

Morris Kline, *Mathematical thought. From ancient to modern times,* 3 vols., Oxford, Oxford Univ. Press, [2]1990.

一篇关于数学史的短文是

Dirk Struik, *A concise history of mathematics,* New York, Dover, [4]1987.

来自一组作者:

Jean Dieudonné, *Abrégé d'histoire des mathématiques: 1700–1900,* revised ed., Editons Hermann, Paris, 1996 (German translation of the original edition, Paris, Hermann, 1978: *Geschichte der Mathematik 1700–1900. Ein Abriß,* Braunschweig, Wiesbaden, Vieweg, 1985); in particular Paulette Libermann, Chap. 9: Géometrie differentielle.

关于非欧几里得几何, 附有 Bolyai 和 Lobachevski 论非欧几何的原始文章翻译的是

Roberto Bonola, Non-Euclidean geometry. A critical and historical study of its development, translated from the Italian and with additional appendices by H.S. Carslaw. With an introduction by Federico Enriques. With a supplement containing the Dr. George Bruce Halsted translations of The science of absolute space by John Bolyai and The theory of parallels by Nicholas Lobachevski, New York, Dover, 1955.

非欧几里得几何的几个方面被早期的数学家预先考虑到, 特别是 Gerolamo Saccheri 和 Johann Heinrich Lambert, 参看

Gerolamo Saccheri, *Euclid vindicated from every blemish,* edited and annotated by Vincenzo De Risi. Translated by G.B. Halsted and L. Allegri. In: Classic Texts in the Sciences (O. Breidbach, J. Jost, eds.), Basel, Birkhäuser, 2014

和

Johann Heinrich Lambert, *Theorie der Parallellinien,* edited and annotated by Vincenzo De Risi. In: Classic Texts in the Sciences (O. Breidbach, J. Jost, eds.), Basel, Birkhäuser, to appear

更详细的参考书目, 例如, 在

Felix Klein, *Vorlesungen über nicht-euklidische Geometrie,* Berlin, Springer, 1928, in particular pp. 275f., and concerning the role of Riemannian geometry, pp. 288-293

关于这一主题的一些较新的介绍:

J. J. Gray, *Ideas of Space. Euclidean, Non-Euclidean, and Relativistic.* Oxford Univ. Press, [2]1989,

J. J. Gray, *Worlds Out of Nothing.* A Course in the History of Geometry in the 19th Century. Berlin etc., Springer, 2007.

创立者对相对论的介绍:

Albert Einstein, *Relativity. The special and general theory,* translated from the German by R. Lawson, New York, Henry Holt, 1920; various subsequent editions and reprints.

关于思想方面的历史参见 Oskar Becker, *Grundlagen der Mathematik,* loc. cit.

　这就引出了一些从思想史的角度来分析空间问题的著作. 基本论著是

Max Jammer, *Concepts of space: History of theories of space in physics,* Cambridge MA, Harvard Univ. Press, [2]1980.

大量的材料载于

Alexander Gosztonyi, *Der Raum. Geschichte seiner Probleme in Philosophie und Wissenschaften,* 2 Vols., Freiburg, München, Karl Alber, 1976.

最近的一项工作, 发展了相关的物理思想和不同的自然哲学立场是

Martin Carrier, *Raum-Zeit*, Berlin, de Gruyter, 2009.

关于数学哲学, 我们引用基本的专著

Hermann Weyl, *Philosophy of mathematics and natural science,* translated from the German by O. Helmer, Princeton, Princeton Univ. Press, [2]2009

以及

Léon Brunschvicg, Les étapes de la philosophie mathématique, Paris, Presses Univ. France, [3]1947,

Roberto Torretti, *The philosophy of physics,* Cambridge, Cambridge Univ. Press, 1999, pp.157-168, contains a thorough discussion of Riemann's Hypothesen. Riemann is also treated in detail in

Helmut Pulte, *Axiomatik und Empirie.* Eine wissenschaftstheoriegeschichtliche Untersuchung zur Mathematischen Naturphilosophie von Newton bis Neumann. Darmstadt, Wiss. Buchges., 2005, pp. 359-401.

我们还提到

Peter Mittelstaedt, *Philosophische Probleme der modernen Physik,* Mannheim, Bibliograph. Inst, [2]1966.

7.4 重要专著和文章

关于数学和哲学的历史专题的有

Luciano Boi, *Le problème mathématique de l'espace*, Berlin, Heidelberg, Springer, 1995.

Joël Merker, *Sophus Lie, Friedrich Engel, et le problème de Riemann-Helmholtz*, arXiv:0910.0801v1, 2009, a French translation with commentary of the Theorie der Transformationsgruppen (Dritter und letzter Abschnitt, Abtheilung V) of Lie and Engel with a detailed treatment of the considerations of Riemann and Helmholtz.

Karin Reich, *Die Geschichte der Differentialgeometrie von Gauß bis Riemann (1828–1868)*, Archive for History of Exact Sciences 11, 273-382, 1973.

Erhard Scholz, *Geschichte des Mannigfaltigkeitsbegriffs von Riemann bis Poincaré*, Boston etc., Birkhäuser, 1980.

Erhard Scholz, *Herbart's influence on Bernhard Riemann*, Historia Mathematica 9, 413-440, 1982.

Erhard Scholz, *Riemanns frühe Notizen zum Mannigfaltigkeitsbegriff und zu den Grundlagen der Geometrie*, Archive for History of Exact Sciences 27, 213-232, 1982.

Andreas Speiser, *Naturphilosophische Untersuchungen von Euler und Riemann*, Journal für die reine und angewandte Mathematik 157, 105-114, 1927.

Roberto Torretti, *Philosophy of geometry from Riemann to Poincaré*, Dordrecht etc., Reidel, 1978.

André Weil, *Riemann, Betti and the birth of topology*, Archive for History of Exact Sciences 20, 91-96, 1979; Postscript in Archive for History of Exact Sciences 21, 387, 1980.

广义相对论及其数学渗透与其对几何学发展的影响的有

Albert Einstein, *Die Feldgleichungen der Gravitation*, Sitzungsber. Preußische Akademie der Wissenschaften 1915, 844-847.

David Hilbert, *Die Grundlagen der Physik*, Königl. Gesellschaft der Wissenschaften Göttingen, Mathematisch-Physikalische Klasse, 395-407, 1915; 53-76, 1917; a revised version is reprinted in

David Hilbert, *Die Grundlagen der Physik*, Math. Annalen 92, 1-32, 1924, and in

David Hilbert, *Gesammelte Abhandlungen*, Bd. III, Berlin etc., Springer, 21970, S. 258-289.

Albert Einstein, *Die Grundlage der allgemeinen Relativitätstheorie*, Annalen der Physik 49, 769-822, 1916.

爱因斯坦关于相对论的文章被转载在

Albert Einsteins Relativitätstheorie. Die grundlegenden Arbeiten. Herausgegeben und erläutert von Karl von Meyenn, Braunschweig, Vieweg, 1990.

Hermann Weyl, *Space, time, matter,* translated from the German, revised ed., Mineola NY, Dover, 1952 (a more recent version of the German original is *Raum, Zeit, Materie*, ed. by Jürgen Ehlers, Berlin, Springer, 71988).

Hermann Weyl, *Mathematische Analyse des Raumproblems*, Berlin, Springer, 1923.

Charles Misner, Kip Thorne and John Archibald Wheeler, *Gravitation*, New York, Freeman, 1973.

关于广义相对论的历史和影响, 有着大量的文献. 这里, 我们只列举了文集

Jürgen Renn (ed.), *The Genesis of General Relativity*. Sources and Interpretations. 4 Bde. Berlin etc., Springer, 2007.

有详细的评论.

对当代物理学进行哲学分析的尝试有

Sunny Y. Auyang, *How is quantum field theory possible?,* New York, Oxford, Oxford Univ. Press, 1995.

Bernard d'Espagnat, *On physics and philosophy,* Princeton, Oxford, Princeton Univ. Press, 2006.

Bernulf Kanitscheider, *Kosmologie*, Stuttgart, Reclam, 1984.

论几何与理论物理的研究现状

Marcel Berger, *A panoramic view of Riemannian geometry,* Berlin etc., Springer, 2003.

Pierre Deligne et al. (eds.), *Quantum fields and strings: A course for mathematicians,* 2 Bde., Princeton, Amer. Math. Soc., 1999.

M. B. Green, J. H. Schwarz und E. Witten, *Superstring theory,* 2 Bde., Cambridge etc., Cambridge Univ. Press, 1987.

S. W. Hawking und G. F. R. Ellis, *The large scale structure of space-time,* Cambridge etc., Cambridge Univ. Press, 1973.

Sigurdur Helgason, *Differential geometry, Lie groups, and symmetric spaces,* New York etc., Academic Press, 1978.

Jürgen Jost, *Riemannian geometry and geometric analysis,* Berlin etc., Springer, ^{6}2011.

Jürgen Jost, *Geometry and physics,* Berlin etc., Springer, 2009.

Jürgen Jost, *Mathematical concepts,* Berlin etc., Springer, 2015.

Wilhelm Klingenberg, *Riemannian geometry,* Berlin, New York, de Gruyter, 1982.

Roger Penrose, *The road to reality. A complete guide to the laws of the universe,* London, Jonathan Cape, 2004.

Steven Weinberg, *The quantum theory of fields,* 3 vols., Cambridge etc., Cambridg Univ. Press, 1995, 1996, 2000.

Eberhard Zeidler, *Quantum field theory,* 3 vols., Berlin etc., Springer, 2006 ff.

术 语 表

Manifold (流形) 点或元素的连续并置的术语, 如果足够小的部分能被双射映射, 即以可逆的方式, 通过一组数字 (坐标) 映射到笛卡儿空间的一部分. 流形的概念纯粹是拓扑的, 因为它不预设**度量结构**, 所以只涉及定性的关系情形. 虽然是一个空间概念, 但想象的空间不一定是物理空间. 例如, 不同的颜色值构成一个流形的元素, 即颜色空间.

Coordinates (坐标) 用笛卡儿空间中的区域表示流形的一部分. n-维笛卡儿空间中点的位置由 n 个实数表示. 这 n 个数被称为笛卡儿空间中与此点对应的流形上点的坐标. 因此, 坐标提供了用实数描述流形中点的位置的可能性. 然而, 对流形中的点的这种描述或说明并不是这一点所固有的, 而只是一种约定. 在不同的坐标下, 同一点可用不同的数字表示.

Dimension (维数) 用坐标表示流形中每个点需要的实数个数的多少.

Metric (度量或度规) 确定流形(或更一般的度量空间) 点之间的距离; 公理化给定的数学结构确定距离概念的条件 (任何两个不同的点必须始终有一个正的距离, 这不取决于两个点的顺序. 三角形不等式成立, 即两点之间的距离不能大于它们从第三点得到的距离之和).

Riemannian metric (黎曼度量或黎曼度规) **流形**上的二次型, 它允许通过沿曲线的积分来计算曲线的长度. 此外, 当曲线可以赋予长度时, 两点之间的距离是连接它们的所有曲线中长度最小的. 更确切地说, 我们应该讨论定义度规的二次形式, 因为度规是一个无限小的概念, 区别于产生**度规**的**距离**概念.

Riemannian manifold (黎曼流形) 具有黎曼度规的流形.

Curvature (曲率) 测量一个曲面的偏差, 或者更一般地, 一个**流形**与平坦的欧几里得形状的偏差.

Invariant (不变量) 在一类变换下不发生变化或在不同的描述中保持不变的数量. 例如, **流形**的**维数**或**曲率**不取决于**坐标**的选择, 因此坐标变换下是不变的.

Surface theory (曲面理论) 描述二维物体的理论.

Non-Euclidean geometry (非欧几何学) 平行公设不成立的空间结构, 但所有其他欧几里得**公理**都成立.

Parallel transport (平行移动) 方向元素 (切向量) 从**黎曼流形** V 的一个点沿某条曲线平移到另一个点, 使得其长度和它们之间的角度保持不变.

Topology (拓扑学) 数学空间各点之间定性关系的理论. 然而, 度量关系是定量的, 因此不属于拓扑领域.

传记大纲及年表 [1]

拿破仑战争和德国的建立这些历史事件构成了黎曼一生经历的时代, 第一次战争的余波以及为第二次战争所做的准备形成了黎曼所生活的那个时代的政治和经济的形势. 对理解科学发展和黎曼的生活有着明显重要性的是德国大学的情况, 尤其是哥廷根和柏林, 当然还有数学的普遍发展. 这将在下面的年代表中反映出来.

1737 年　哥廷根大学向公众开放, 突出了科学的作用.

1801 年　卡尔·弗里德里希·高斯 *Disquisitiones arithmeticae*(《算术研究》) 发表.

1806 年　正式结束德意志神圣罗马帝国, 作为皇帝的弗朗西斯二世, 在拿破仑的压力下, 他卸下了德意志帝国的王冠. Jena 和 Auerstädt 战役后普鲁士的崩溃. 拿破仑进入柏林.

1807 年　为了回应普鲁士对拿破仑侵略的劣势, 冯·斯坦男爵 (Baron vom Stein) 在普鲁士推行了影响深远的改革.

1810 年　在这些改革之后, 威廉·冯·洪堡 (Wilhelm von Humboldt) 创立了柏林大学. 他的大学章程对 19 世纪德国的学术生活起着决定性的作用.

1813 年　法国解放战争的开始, 黎曼的父亲也参与其中. 拿破仑在莱比锡附近的民族之战中战败.

1815 年　拿破仑的最终失败和维也纳会议上欧洲的重组. 德意志联邦的建立. 由奥地利总理梅特涅塑造的复辟时期的开始.

1817 年　在普鲁士设立文化部, 由阿尔滕斯坦 (Altenstein) 担任首任和长期主管.

1818 年　普鲁士海关法为普鲁士作为经济强国的发展创造了条件.

1819 年　汉诺威王国接受宪法.

1820 年　维也纳最后法案完成了德意志联邦宪法.

1826 年　格奥尔格·弗里德里希·伯恩哈德·黎曼于 9 月 17 日在汉诺威王国 Elbe 河畔 Dannenberg 附近的 Breselenz 出生, 当时他是当地新教牧师的长子. 童年在 Elbe 低地附近的 Quickborn 度过, 在那里父亲成为教区的领袖, 并教导他的孩子们.

1827 年　卡尔·弗里德里希·高斯 (Carl Friedrich Gauss) 的《曲面的一般研究》(*Disquisitiones generales circa superficies curvas*) 创立了现代微分几何.

---

[1] 以下关于黎曼生平的事实, 大多取自戴德金在《黎曼全集》中所著的《黎曼传》. 我也用过 Laugwitz, *Riemann*. 的相关内容但是, 我没有系统地检查原始资料.

1831 年   哥廷根的学生骚乱. 黑格尔之死, 标志着德国理想主义的终结. 法拉第
           发现了电磁感应.

1832 年   歌德去世, 魏玛古典主义就此终结.

1834 年   普鲁士领导下的德国关税同盟. 现代新教神学的创始人 Schleiermacher
           之死. 雅可比在德国哥尼斯堡创办了第一个数学和物理研讨会.

1837 年   由于汉诺威不允许英国维多利亚女王由女性继承王位, 汉诺威与大不列
           颠之间的个人联盟宣告结束. 新汉诺威国王 Ernest Augustus 发起了一
           场反动运动. "哥廷根七君子" 被免职, 其中包括物理学家韦伯 (他曾与
           高斯合作), 因为他们抗议违反宪法.

1840 年   普鲁士国王威廉四世. 他辜负了人们对他实行自由政策的期望, 转而奉
           行保守反动的路线. 黎曼访问汉诺威高中 (直到 1842 年), 并与他的祖母
           住在那里.

1841 年   建筑师申克尔去世, 他代表普鲁士皇室建造了柏林, 作为一个现代欧洲
           的首都, 拥有许多建筑风格.

1842 年   他的祖母去世后, 黎曼去了 Lüneburg 的高级中学 (直到 1846 年), 那里
           的主任 Schmalfuss 认识到并促进了黎曼伟大的数学天赋.

1846 年   黎曼母亲的死. 黎曼在哥廷根大学 (University of Gottingen) 开始了他
           的学业, 依照他父亲的希望他先学习神学, 但不久就转向了数学.

1847 年   黎曼搬到了柏林大学, 参加了狄利克雷和雅可比的讲座, 并与爱因斯坦
           取得了联系, 但由于个人原因, 爱因斯坦并不是很多产.

1848 年   马克思、恩格斯的《共产党宣言》问世. 许多国家开始革命, 特别是法
           国、奥地利 (梅特涅的沦陷) 和普鲁士. 法兰克福国民大会在圣保罗教
           堂举行. 丹麦对 Schleswig 的吞并导致了第一次德丹战争. 普鲁士国民
           议会解散. 路易·拿破仑被选为法国总统.

1849 年   普鲁士国王弗里德里希·威廉四世拒绝接受法兰克福国民议会提出的
           小德国帝国王冠. 在德国各州镇压支持宪法的起义. 黎曼是普鲁士三月
           革命的目击者, 并作为学生团的一员接受了短暂的警卫任务. 解散国民
           议会. 黎曼回到哥廷根大学, 韦伯在那里重新获得了物理学教授的职位,
           并亲自提拔黎曼.

1850 年   在奥地利的压力下, 弗里德里希·威廉四世放弃了他为德国制定新宪法
           的努力. 普鲁士宪法生效. Clausius 制定了热力学第二定律. 黎曼进入
           最近在哥廷根成立的数学物理研讨会. 戴德金在哥廷根开始了他的研
           究, 并成为黎曼一生的朋友.

1851 年   黎曼在高斯指导下完成博士学位论文.

1852 年   路易斯·拿破仑成为法国皇帝拿破仑三世. 狄利克雷在秋天访问了 Göttingen；与黎曼进行了许多科学讨论.

1854 年   黎曼在哥廷根大学哲学学院发表就职演讲；题为 "*Ueber die Hypothesen, welche der Geometrie zu Grunde liegen*"，就职演讲学术讨论会于 6 月 10 日召开.

1855 年   黎曼的父亲和他的四个姐妹之一去世. 高斯之死和任命狄利克雷为他在哥廷根的接班人.

1856 年   海涅 (Heine) 在巴黎去世.

1857 年   黎曼成为哥廷根大学的副教授. 黎曼的弟弟威廉去世. 黎曼负责照顾他幸存的三个姐妹. "阿贝尔函数理论" 的工作给予黎曼高度的科学认可.

1858 年   威廉王子接管了普鲁士的政府, 因为他失去行为能力的弟弟弗雷德里克·威廉四世被宣布不适合担任政府职务. 黎曼会见了拜访哥廷根的意大利数学家 Brioschi, Betti 和 Casaroti. 戴德金接受了苏黎世理工学院的一个职位, 离开了哥廷根.

1859 年   达尔文的《论物种起源》创立了现代进化生物学. 狄利克雷去世, 任命黎曼为他的继任者, 担任教授. 黎曼成为巴伐利亚学院和柏林学院的通讯成员；在戴德金的陪同下前往柏林. 德国哥廷根科学学会会员.

1860 年   在皮埃蒙特领导下的意大利复兴运动和统一运动. 黎曼访问巴黎一个月, 并与巴黎数学家接触.

1861 年   意大利王国的公告. 由于特赦, Wagner 可以回到德国, 他由于参加了 1849 年萨克森革命的失败而不得不离开德国.

1862 年   俾斯麦任命普鲁士总理. 黎曼和 Elise Koch 的婚姻. 胸膜炎对他的肺造成永久性损害. 第一次去意大利旅行, 希望当地温和的气候有利于他的健康.

1863 年   在返回哥廷根的路上, 黎曼与比萨的数学家 Enrico Betti 保持着密切的联系. 在哥廷根待了两个月后, 他开始了新的意大利之旅, 女儿艾达就是在那里出生的. 谢绝在比萨大学任职. 黎曼成为巴伐利亚学院的正式成员.

1864 年   第二次德国丹麦战争. 麦克斯韦阐述了他的电磁学理论.

1866 年   普鲁士在战胜奥地利后获得了德国的霸主地位. 德意志联邦解体. 普鲁士接管了汉诺威王国. 黎曼成为巴黎科学院和伦敦皇家学会的外籍会员. 在战争的第一天, 他开始了一次新的意大利之旅. 黎曼于 7 月 20 日在马乔里湖的塞拉斯卡去世.

1867 年   以普鲁士为霸权的北德意志联邦的建立.

1868 年   在戴德金的倡议下出版了的黎曼的就职演讲. 亥姆霍兹的 *Ueber die Thatsächen, die der Geometrie zu Grunde liegen* 出版.

1871 年   普鲁士战胜法国后, 在普鲁士的领导下建立了德意志帝国.

1876 年   《黎曼全集》问世.

1884 年   黎曼的女儿 Ida (1863—1929) 嫁给了 Carl David Schilling (1857—1932), Schilling 曾和 Hermann Amandus Schwarz (1843—1921) 一起在哥廷根获得了博士学位, 之后将成为不来梅 Seefahrtsschule 的主任. 1890 年, 黎曼的妻子和他唯一在世的妹妹艾达也将搬到不莱梅. 这对夫妇会有 5 个孩子.

1892 年   《黎曼全集》第二版出版.

1907–1916 年   爱因斯坦正在研究广义相对论.

1990 年   新版《黎曼全集》出版.

术 语 索 引